('25/1)

《放送大学印刷教材》

『情報社会のユニバーサルデザイン（'19）』

追　補

（第1刷～第3刷）

【追補の趣旨】
　平成28年（2016年）に施行された障害者差別解消法は，合理的配慮の提供が，政府は法的義務で民間事業者，私立大学は努力義務であったが，令和3年に改正され，令和6年（2024年）4月から合理的配慮の提供は，政府も民間も私立大学も法的義務となった。これにより，本書の記載内容に一部変更が生じている。また，その他，法律の名称の変更などについても追補する。
　（TV授業の中では，当該箇所にテロップ等を入れる形で対応している。）

【テキスト追補箇所】
P.74　下8行目
2016年に障害者差別解消法が施行され，障害者に対する直接・間接的な差別の禁止と，合理的配慮の提供が義務化（民間は努力義務）されたが，情報分野においては明確な義務規定は定められていない。
追加　●令和6年（2024年）4月に改正され合理的配慮の提供は，民間も法的義務となった。

P.78　下6行目〜P.79
（3）工業標準化法　⇒　産業標準化法
工業標準化法は令和元年（2019年）に改正され産業標準化法に変わった。標準化の対象にデータ，サービス，経営管理等を追加し，「日本工業規格（JIS）」を「日本産業規格（JIS）」に，法律名を「産業標準化法」に改めた。

P.196　下11行目
平成28年に障害者差別解消法の合理的配慮規定などが施行され，国公立大学では障害者への差別的取扱いの禁止と合理的配慮の不提供の禁止が法的義務となり，私立大学では障害者への差別的取扱いの禁止は法的義務，合理的配慮の不提供の禁止は努力義務となり，適切な対応が必要となった。
追加　●令和3年に障害者差別解消法が改正され令和6年（2024年）4月から，障害のある学生に対する合理的配慮の提供は私立大学でも義務化された。

第13回　放送と通信のアクセシビリティ
P.242　9行目
アメリカでは第5章で紹介した「障害を持つアメリカ人法」で電話会社がこのサービスを提供することが義務付けられているが，日本では未対応である。
追加　●令和2年に「聴覚障害者等による電話の利用の円滑化に関する法律」が施行され，令和3年7月から聴覚障害者等と聴覚障害者等以外の者との会話を通訳オペレータが手話・文字と音声を通訳することにより，電話で双方向に繋ぐ電話リレーサービスが始まった。

情報社会のユニバーサルデザイン

広瀬洋子・関根千佳

(改訂版)情報社会のユニバーサルデザイン('19)
©2019 広瀬洋子・関根千佳

装丁・ブックデザイン:畑中 猛

まえがき

　このテキストは2014年度に開講した放送大学のTV授業番組「情報社会のユニバーサルデザイン」の改訂版です。この間，2016年に障害者差別解消法が施行されました。この法律は，障害を理由とする差別の解消に関する基本的な事項を掲げ，国の行政機関，地方公共団体，民間事業者などに対して，差別を解消するための措置などを定めることによって，すべての国民が相互に人格と個性を尊重しあいながら共生する社会の実現につなげることを目的としています。

　こうした法的制度の施行によって2014年当時と比べて，「ユニバーサルデザイン」という言葉は社会の中に浸透してきたのではないでしょうか。同様に「障害者」「多様性」「アクセシビリティ」についても，2020年のオリンピック・パラリンピック開催と相まって，テレビなどでも取り上げられる機会が増えてきたように思います。

　しかし，こうした言葉がメディアなどで飛び交うようになっても，「ユニバーサルデザイン」という考え方が，どのように生まれ，現在の私たちの暮らしにどのように関わり，その考え方がどのような未来を拓く可能性があるのか，しっかりと考えたことがある人はそう多くはないと思います。一人でも多くの人が，多様な一人ひとりの暮らしを守るために，本書がその入り口になることができたらうれしいと思います。

　ユニバーサルデザインとは，年齢や性別，能力や背景にかかわらず，できるだけ多くの人が使えるよう，最初から考慮して，まちやもの，情報やサービスを作るという考え方であり，そのプロセスです。さまざまな情報のやり取りは，現代を生きる人々にとって欠くことのできない生活の一部となっています。インターネット，携帯電話，今や情報通信技

術が社会の基盤になっており，それらを円滑に利用できないことは大きな社会的不利益をもたらすことにつながります。子ども，大人，女性，男性，高齢者，外国人，障害のある人，みな，社会の大切な構成員です。情報社会の進展の流れの中で，誰もおいてきぼりにならないように，情報格差が広がらない対策が必要です。そのためにもユニバーサルデザインという考え方を基礎にした情報社会の構築が求められているのです。

　本講座「情報社会のユニバーサルデザイン（'19）」では，情報にかかわる，ものづくり，まちづくり，情報技術，教育などに関して，ユニバーサルデザインの意味や発展について紹介しております。それぞれの事象がどのように関連しているのか，立体的で体系的な理解が得られるように具体例を入れて執筆しました。

　我が国は，4人に1人が65歳以上である超高齢社会です。障害のある人が使いやすい情報機器の普及や，学習方法の確立は，高齢者や外国人を含む多様なニーズを持った人たちにも役立っていくでしょう。

　なお，本科目の講師陣は2014年度版と同じメンバーで構成されております。日本におけるユニバーサルデザインという考え方を広め，牽引してきた関根千佳先生，榊原直樹先生，大学の障害者支援の確立と普及の仕事を続けてきた近藤武夫先生と本学の広瀬洋子の4名でTV講義と本テキストを制作しました。内容的には前回に紹介した基本的な事柄や歴史的展開をおさえつつ，ここ数年で進展したフレッシュな情報や事例も取り入れております。本テキストとともに放送教材も視聴してください。

　読者が多様な人々が共に生きていくためのユニバーサルデザインという考え方を学び，「誰もが便利に暮らせる社会，まちづくり」に生かしてほしいと期待しております。

2018年10月
広瀬洋子

目次

まえがき　　広瀬洋子　　3

1 情報社会のユニバーサルデザイン
　　　　　　　　　　　　　　　｜広瀬洋子　10
1. はじめに：ユニバーサルデザインの過去と現在　　10
2. 情報社会と多様性　　13
3. 日本社会の情報化の現状　　14
4. 講座の流れと，各章の概要　　18

2 ユニバーサルデザインを支える概念
　　　　　　　　　　　　　　　｜関根千佳　24
1. ユニバーサルデザインの概念が生まれた背景　　24
2. ヨーロッパにおける状況　　28
3. ユニバーサルデザインの2大要素　　35

3 ユニバーサルデザインのまちづくり・ものづくり
　　　　　　　　　　　　　　　｜関根千佳　41
1. まちづくり　　41
2. ものづくり　　49

4 | サービスと情報提示のユニバーサルデザイン
関根千佳　57

1. サービス産業におけるユニバーサルデザイン　57
2. 情報提示のユニバーサルデザイン　67

5 | ユニバーサルデザインに関する条約・法律・標準
榊原直樹　73

1. はじめに　73
2. 障害に関する法律　76
3. 米国のアクセシビリティ政策　81
4. 日本で情報アクセシビリティを進めるために　89

6 | 人々の多様性①（障害者・LGBT）
近藤武夫　92

1. はじめに　92
2. 障害者　92
3. LGBTとスティグマ　107
4. おわりに　109

7 | 人々の多様性②（高齢者・外国人など）
榊原直樹　114

1. 多様な高齢者像　114
2. 高齢者とIT　120
3. 外国人への対応　126

8 ICTのアクセシビリティ　　　｜近藤武夫　132

1．はじめに　132
2．スマートフォンやパソコンのアクセシビリティ機能　134
3．さまざまな支援技術製品　148
4．なぜアクセシビリティ機能が存在するのか　150

9 コンテンツのアクセシビリティ
　　　　　　　　　　　　　　　　　｜榊原直樹　152

1．Webコンテンツアクセシビリティ　152
2．支援技術　155
3．Webアクセシビリティの基礎　156
4．Webコンテンツ作成時の配慮点　159
5．Webアクセシビリティの評価　163
6．広がるコンテンツのアクセシビリティ　165

10 教育のユニバーサルデザインと合理的配慮
　　　　　　　　　　　　　　　　　｜近藤武夫　168

1．教育機関と障害者　168
2．教育における合理的配慮とは　171
3．さまざまな配慮の実例　173
4．日本の現状との比較　182
5．合理的配慮を支える権利擁護の仕組み　183
6．合理的配慮の範囲　185

11　進みゆく高等教育における　ユニバーサルデザイン　｜広瀬洋子　187

1．はじめに　187
2．学習のユニバーサルデザイン　188
3．米国の高等教育における障害者支援　190
4．日本の高等教育における障害学生　193
5．高等教育における情報支援の課題　199
6．幅広い年齢層の学び　202
7．おわりに　205

12　遠隔高等教育の授業と教材の　アクセシビリティ　｜広瀬洋子　207

1．はじめに　207
2．遠隔高等教育の多様性　208
3．日本の高等教育のオンライン型授業の導入状況　209
4．遠隔高等教育のアクセシビリティ　210
5．米国の遠隔高等教育のアクセシビリティ　213
6．遠隔高等教育のアクセシビリティとサポート：
　カナダの公開大学　アサバスカ大学の事例から　216
7．日本の大学通信教育とアクセシビリティ　221
8．放送大学のアクセシビリティ　223
9．おわりに　228

13　放送と通信のアクセシビリティ

榊原直樹　229

1．はじめに　229
2．放送のアクセシビリティ　230
3．通信のアクセシビリティ　239
4．放送と通信のアクセシビリティ　243

14　雇用におけるユニバーサルデザイン

近藤武夫　247

1．雇用・労働のユニバーサルデザイン　247
2．業務のアクセシビリティとICT　250
3．多様な働き方の包摂とICT　254
4．雇用のユニバーサルデザインにおける課題　261

15　ユニバーサルデザインの未来

関根千佳　267

1．自分事として考える　267
2．支援技術からユニバーサルデザインへ　269
3．ユニバーサルデザインを日本で進めるために　271

索　引　278
図表　クレジット一覧　283

1 情報社会のユニバーサルデザイン

広瀬洋子

《目標&ポイント》 情報技術の急速な進展により，情報は，まちづくり，ものづくり，教育，交通など，生活のあらゆる場でも不可欠なものになってきている。同時に，子ども，高齢者，障害者，外国人など多様なニーズを持つ人々が，教育，放送メディア，社会活動などの"情報"へ平等に「アクセス」できることが求められている。
　本書では，ユニバーサルデザインという概念が生まれた背景や歴史的な変遷，法的整備を学ぶとともに，多様なニーズに対応する技術的進展について具体的な事例を紹介する。そして情報や教育のアクセシビリティについても，国内外の状況，支援技術やユニバーサルデザインの状況を理解し，高齢化，情報化の進む21世紀における人間と情報の在り方について考えていきたい。本章では，情報社会のユニバーサルデザインの過去と現在を具体的な事例とともに概観するとともに，このテキストで何を学ぶべきか，各章の内容について説明する。
《キーワード》 情報社会，アクセシビリティ，ユニバーサルデザインの定義

1. はじめに：ユニバーサルデザインの過去と現在

　さて，読者の皆さんは，「ユニバーサルデザイン」という言葉から，どのようなイメージを思い浮かべるであろうか。最近よく耳にはするけれど，それを明確に説明するとなると，戸惑う人が多いのではないだろうか。このテキストでは，「ユニバーサルデザイン」，「バリアフリー」，「アクセシビリティ」，「ユーザビリティ」などの概念を分かりやすい事

例とともに丁寧に説明したい．それぞれの章を読み進めるとともに，TV講義を視聴し，具体的な事例やモノを見て理解を深めていただきたい．ユニバーサルデザインとは，「年齢・性別・能力・環境にかかわらず，できるだけ多くの人々が使えるよう，最初から考慮して，まち，もの，情報，サービスをデザインするプロセスとその成果」と言える．

　ここで，私たちが日常的に使っている情報に関わる技術，例えば電話，メール，音声認識技術，音声合成技術などがどのように生まれたのか，思い起こしてみよう．じつはそれらは，障害者の切実なニーズから生み出されたものなのである．電話を発明したグラハム・ベル（Graham Bell）は，母親と妻が聴覚障害者であり，幼いころから手話を使うことができた．発明の最初のヒントは口と耳の不自由な人のために，音響の波動を目の前に見せようとする器具を作った時のことだと言われている．ベルは生涯を通じて聾者(ろうしゃ)教育にも尽力した．インターネットの父と言われるヴィントン・グレイ・サーフ（Vinton Gray Cerf）[1]は，自身も妻も耳が聞こえなかった．彼はメールの商用化に尽力し，聴覚障害者の情報保障に大きく貢献している．

　今，私たちはスマートフォンを利用するときに，文字を入力せずとも，言葉を発すれば文字となって打ち出される「音声認識」（Voice Recognition）を当たり前に使っている．この技術も，元を辿れば手を自由に動かすことのできない肢体不自由者のニーズから開発されたものである．また，画面の文字をコンピュータが音声で読み上げる「音声合成」（TTS：Text to Speech）の技術は，初めは視覚障害者が情報を得るために開発されたものである．逆に，人間の話す声をコンピュータが認識し，テキストとして文字化する「音声認識」の技術は長く人々の夢であったが，それは，頸髄(けいずい)損傷などの重度の肢体不自由者のニーズとしてこそ，非常に大きなものであった．IBMが1993年に最初に出した音

---

(1) インターネットとTCP/IPプロトコルの創生に重要な役割を担ったアメリカ合衆国の計算機科学者．

声認識の製品は，Voice Type という名前であった。スポーツ事故などで頸髄損傷を負った人が，肩から下は動かなくとも，声が出せる，聞こえる，目は見えるのだから，声でタイプするのだという意味の製品名であった。パソコンの初期の価格を思い出してみよう。一般の学生にとってはとても手の届くものではなかった。音声合成技術や認識技術の製品も，かつては大変高価であったが，今では，スマートフォンの中にさえ，ごく普通に存在する機能となっている。

コンピュータ関連の研究で有名な IBM のワトソン研究所で ALS [2] の故ホーキング博士のために研究された「視線入力」の技術は，今では一般製品として，人がどこを見ているのかという視野角の認識などに使われている。筆者の経験であるが，1980年代後半の米国の映画館では，聴覚障害者のために座席の前に字幕を投影する透明の下敷きのような装置が付いていた。やがてその座は，ウェアラブル端末にとって代わられる時代となり，それは障害のある人も，ない人にも人気のある商品となった。ここに紹介したもの以外にもそういう例は枚挙にいとまがない。

私たちの周りには，障害者や高齢者のための支援技術が進化し，一般の人々にも支持されるユニバーサルデザインとなって結実したものは数多く存在する。障害者向けの重いニーズへの対応を埋め込んだ技術や製品は，より軽いニーズを持つ市場も獲得する。障害者の視点から開発された地図アプリが，高齢者や妊婦や外国人といった多様な人々が活用できるユニバーサルデザイン型アプリとして発展する例 [3] もある。また，Google Map のストリートビューでは，所在地の詳細な映像や建物や店

（2）筋萎縮性側索硬化症
（3）Bmaps：多様なユーザーが外出時に求める情報を共有し，「情報のバリアフリー化」を目指して開発された，日本財団と（株）ミライロとで共同開発したバリアフリー地図アプリ。飲食店などの入り口の段差，障害者用トイレの有無などの情報を，一般ユーザーも自由に投稿，閲覧でき，いわゆる地図アプリとは違う双方向性を持つものである。また，多言語対応し，2020年までにグローバル・スタンダードとなることを目指している。

内の写真，入口の入りやすさや段差などの情報が，車いすユーザーやベビーカーユーザーにとって有益な情報源となっている。こうして，多様な視点から開発された技術は交差し，試行錯誤を繰り返しながら，多くの人に利用されるものになっていくのである。

　ユニバーサルデザインの考え方の背景にある，多様性（ダイバーシティ：Diversity）と，人権（Human rights）については，本テキストの中で何回も角度を変えながら説明されている。人権とは，異なる年齢，性別，障害のあるなし，文化，言語，宗教，肌の色を問わず，この世に生きる多様なすべての人々は，生まれながらにして，かけがえのない価値を持っており，一人ひとりが皆，「人間らしく生きる権利」を持っていることを指す。日本では，私たちは"皆日本語を話し，皆同じように暮らしている"と，無意識に思ってはいないだろうか。もう一度自分自身に問いかけながら，読み進めていただきたい。

2. 情報社会と多様性

　さまざまな情報のやり取りは，現代社会を生きる人々にとって欠くことのできない生活の一部となっている。今日，ビジネスのコミュニケーションではもちろんのこと，市民生活の重要な情報はインターネットによってやり取されている。今や，各人がスマートフォンを持っていることが前提となっているかのように社会は運営され，故に，情報機器を活用できないということは，社会的不利益をもたらすことにつながる。しかし，果たして，こうした"情報"は，すべての人に平等に開かれているのだろうか。子ども，高齢者，障害者，外国人……，多様な人々にとって使いやすいものなのだろうか。この講義に先立つ『情報社会のユニバーサルデザイン』（2014）の中では，2011年の東日本大震災の災害情報が，高齢者や聴覚・視覚に障害のある人，日本語の分からない外国人

に，どのように伝わったのか，その後の避難生活の中でどのような苦労があったのかについて，テキストで触れ，また TV 講義では，その様子を映像で紹介した。「想定外」という言葉が連発された震災ではあったが，社会には多様な人がいる，ということは想定外であってはならない。現在，世界一の高齢社会になった日本は，2020年のオリンピック・パラリンピック，それに伴う外国人観光客の増加などが追い風となって，ダイバーシティの重要性が叫ばれ，"多様な人々"への意識が高まっている。多様な人々とはマイノリティを指す言葉として使われることが多いが，じつは自分と無関係ではない。人は，聴力や視力に困難を覚えることも，車いすを使うこともあり得る，そして必ず歳をとる。また，母国語が通じない場所で暮らすこと，つまり外国人として生きることもあるだろう。人は，場所と状況によって，いつでも"多様な人々"になりうる存在であるということを胸に刻んでおきたい。

3. 日本社会の情報化の現状

今日の日本，どこにいても，人々はまちを歩きながら，駅のホームで，電車の中で，コーヒーショップで，スマートフォンなしには暮らせないかのような光景が当たり前になりつつある。ここで，総務省の平成29年版情報通信白書から日本の情報通信機器の普及率を押さえておこう。

（1）情報通信端末の世帯保有率

平成29年版情報通信白書によれば，2016（平成28）年の情報機器の世帯普及率は，「携帯電話・PHS」は94.7％，「パソコン」は73.0％となっている。また，「携帯電話・PHS」の内数である「スマートフォン」は，71.8％（前年比0.2ポイント減）と普及が進み，「パソコン」との差が縮み「スマートフォン」が「パソコン」を追い上げている。

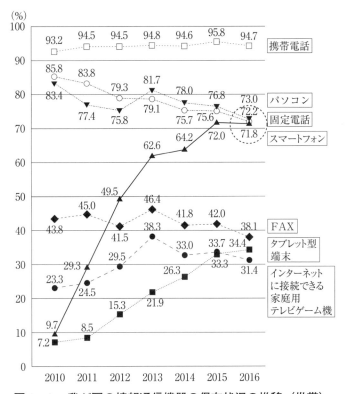

図1-1　我が国の情報通信機器の保有状況の推移（世帯）
（出典：総務省　平成28年通信利用動向調査の結果を基に筆者作成）

（2）インターネット利用者数，人口普及率の双方が増加

　2016（平成28）年のインターネット利用者数は，2015（平成27）年より38万人増加して1億84万人（前年比0.6％増），人口普及率は83.5％となり，平成27年の83.0％から上昇している。端末別インターネット利用状況は，「パソコン」が58.6％と最も高く，次いで「スマートフォン」（57.9％），「タブレット型端末」（23.6％）である。

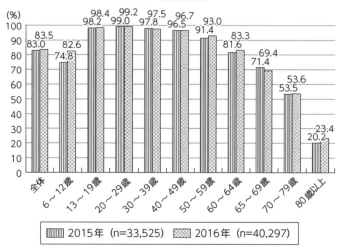

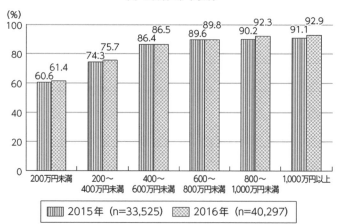

図1-2　属性別インターネット利用率：(a) 年齢階層別，(b) 所属世帯年収別
（出典：総務省　平成28年通信利用動向調査の結果を基に筆者作成）

平成29年通信利用動向調査によれば，インターネット利用は概ね上昇傾向にあるが，世代や年収間によっての格差はいまだに存在することが指摘されている。2016年末における個人の年齢階層別インターネット利用率は，13歳〜59歳までは各階層で9割を超えている。世帯年収別では，年収400万円以上の各区分の世帯の約9割がインターネットを利用しているが，年収200万円未満の世帯は6割であり，格差は明確である。

こうした社会の中で，多様な人々はどのように情報機器を利用しているのか，次に見ていきたい。

(3) ソーシャルネットワーキングサービスの利用者数・利用動向

インターネットの利用動向として，年齢階層別では，20歳代の3分の2超が，ソーシャルネットワーキングサービス（SNS），動画投稿を利用している。また，前年と比較して13歳から69歳の各年齢で利用率が上

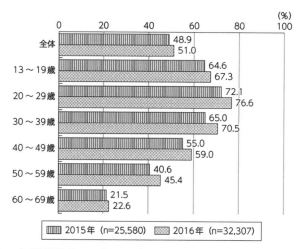

図1-3　年齢階層別ソーシャルネットワーキングサービスの利用状況
　　　　（出典：総務省　平成28年通信利用動向調査の結果を基に筆者作成）

昇している。

　企業のソーシャルメディアサービスの活用は，全体では前年と同程度の22.1％であるものの，金融・保険業は34.1％に上昇している。

(4) スマートフォンの活用

　スマートフォンでインターネットを利用している人の割合は2016（平成28）年には57.9％となり，2015（平成27）年の54.3％から上昇している。スマートフォンを保有する個人の割合は56.8％で，2015年の53.1％から上昇，保有世帯の割合は71.8％である。スマートフォンを保有する，パソコンを保有する世帯の割合（73.0％）は1.2ポイント差に減少している。（平成27年：4.8ポイント差）

　急速に情報化が進展していく社会の中で，筆者がこのテキストを執筆している2018（平成30）年の状況は，数年のうちに驚くほど変化しているに違いない。こうした社会の変化を心にとめながら，情報社会のユニバーサルデザインを考えていってほしい。

4. 講座の流れと，各章の概要

　本講座は，『情報社会のユニバーサルデザイン』（2014）に引き続き，4人の講師によって作り上げられている。関根千佳氏は，日本のユニバーサルデザインを牽引するトップランナーであり，さまざまな自治体や企業での実際的な企画・運営の経験に加え，現在は大学でも教鞭を執られている。

　榊原直樹氏は，ユニバーサルデザインの研究に従事されつつ，その分野の行政の審議会などでも重要な役割を担っている。

　近藤武夫氏は，東京大学先端科学技術研究センターで障害のある子どもたちの未来を拓くDO-IT JAPANの主要メンバーである。

広瀬は長年，高等教育の障害者支援の研究を続けながら，放送大学の障害者支援のプロジェクトに関わってきた。

　このテキストは，この4人の執筆メンバーによって何度も討議を重ね，お互いに刺激しあって作られたものである。ユニバーサルデザインという新しい学問領域は，モノ・人の交流・建築・デザインという具体的な事象を吟味，検討しながら，もう一度，私たちが，当たり前に思ってきた社会の在り方や人間観を問い直す。最新の情報科学の進展も視野に入れつつ，私たちに根源的な問いを突き付けるエキサイティングな学問である。新しい概念や新しい技術が次々と紹介されていくが，どうか難しいと投げ出さずに最後までついてきてほしい。

　以下に各章の概要を紹介する。

第2章　ユニバーサルデザインを支える概念
　ユニバーサルデザインという概念が生まれた背景を，公民権運動などの流れの中で解説する。また，同様の概念が，ヨーロッパではどのように呼ばれ，成立していったかについても述べる。ユニバーサルデザインの基本的な要素であるアクセシビリティやユーザビリティ，具体的な技術である支援技術やジェロンテクノロジーについても概念を伝える。

第3章　ユニバーサルデザインのまちづくり・ものづくり
　まちづくりやものづくりにおいて，多様な市民が使えるよう最初からそれを前提とした設計やデザインが，必須になっている。建物や公共交通，製品開発においては，当事者参加のプロセスが重要である。また，単なる移動や利用を，点ではなく，線や面で捉え，行動そのものを支援する仕組みについても解説する。

第4章　サービスと情報提示のユニバーサルデザイン
　飲食・宿泊などを含む観光業，小売り，学校，病院といったサービス産業においても，ユーザーの高齢化や国際化に伴い，ユニバーサルデザインが必須となってきている。多様なユーザーにどのように満足していただけるか，主に情報提示の在り方について解説する。

第5章　ユニバーサルデザインに関する条約・法律・標準
　ユニバーサルデザインは多くの人に関わる問題であり，社会全体で取り組む必要がある。そうした取り組みを支える条約・法律・標準について解説する。ケーススタディーとして，アメリカのリハビリテーション法508条を取り上げ，解説を行う。

第6章　人々の多様性①（障害者・LGBT）
　歴史的に，何らかの形で権利保障から排除され，否定的な偏見を受けてきた一部の人々は「マイノリティ（少数派）」と呼ばれることがある。人々の多様性の認知が進んできたことや，その背景にある権利擁護の運動について，障害者やLGBT（レズビアン，ゲイ，バイセクシャル，トランスジェンダーなど）をテーマとして概観する。

第7章　人々の多様性②（高齢者・外国人など）
　高齢社会と多様な高齢者像（身体的加齢と認知的加齢）とそれらを支えるユニバーサルデザインについて考察する。加齢によりITを利用することが難しくなる原因を，身体的なものや社会的な要因に分けて解説する。また，増加する海外からの旅行者を迎えるために言語や文化についての情報保障について，ITを活用したユニバーサルデザイン的配慮について考察する。

第8章　ICTのアクセシビリティ

　今や学校や職場，公共サービスなど，あらゆる場所で利用されているコンピュータやスマートフォン，タブレットなどは，障害のある人も障害のない人と同じように利用できるよう，さまざまな工夫が標準の機能として備わっている。それら多様な機能の概要を学ぶ。

第9章　コンテンツのアクセシビリティ

　Webや電子書籍など，コンテンツ・アクセシビリティがカバーする範囲の広がりについて考察する。コンテンツ・アクセシビリティの基本である知覚可能・操作可能・理解可能・堅牢性について，事例を挙げて説明する。

　Webコンテンツに関わる法律・規格・ガイドラインなどについても5章を補う形で概観する。

第10章　教育のユニバーサルデザインと合理的配慮

　多様なニーズを持つ障害のある児童生徒や学生が教育機関に参加するとき，障害者の参加を阻む社会的障壁を除去する環境調整（合理的配慮）を得て学ぶことは不可欠である。多様なニーズに対する具体的な合理的配慮の事例について学ぶ。

第11章　進みゆく高等教育におけるユニバーサルデザイン

　2016年の障害者差別解消法の施行によって，日本の高等教育における障害者支援は大きな変換点にある。具体的な事例を挙げながら，この分野が今後，どのように進展していくのかを考察する。

第12章　遠隔高等教育の授業と教材のアクセシビリティ
　今や世界の高等教育では，オンライン学習，eラーニングは欠かせない学習手段となっている。ここでは，遠隔高等教育において障害のある学生への配慮や支援に関してどのような取り組みがなされているのか，国内外の事例も含めて検討する。

第13章　放送と通信のアクセシビリティ
　テレビ放送や電話による通信は，私たちの生活に欠かせない情報のライフラインである。放送と通信を誰もが利用できるようにするために作られたさまざまな技術や代替サービスについて解説するとともに，これらを継続していくための制度について考察する。

第14章　雇用におけるユニバーサルデザイン
　人口減少社会を迎えた今，従来の雇用慣習とは異なる新しい働き方によって，多様な人々が参加し活躍できる雇用環境の構築に期待が集まっている。高齢者や障害者がICTを活用して働く方法について解説する。

第15章　ユニバーサルデザインの未来
　IoTやAIが進むと，これからのまちづくり，ものづくりは劇的に変化する。CCRCなどの新たな高齢者住宅が建設され，自動運転の車がまちにあふれると，まったく異なる風景になるだろう。そのときに必要なユニバーサルデザインの視点とは何か，ビジョンを解説する。

参考文献・サイト

1. 難聴キッズがやってきた　http://welcome.home-pao.com/cat59/post_8/
2. 情報通信白書，第2節　ICTサービスの利用動向：
 http://www.soumu.go.jp/johotsusintokei/whitepaper/ja/h29/pdf/n6200000.pdf
3. DO-IT JAPAN　https://doit-japan.org/

2 | ユニバーサルデザインを支える概念

関根千佳

《目標＆ポイント》 ユニバーサルデザインの背景となった基礎的な概念（ノーマライゼーション，デザインフォーオールなど）と，ユニバーサルデザインの構成要素（アクセシビリティ，ユーザビリティ）について学ぶ。
《キーワード》 ユニバーサルデザイン，バリアフリー，ノーマライゼーション，デザインフォーオール，インクルーシブデザイン，アクセシビリティ，ユーザビリティ

1. ユニバーサルデザインの概念が生まれた背景

　デザインという言葉に，みなさんは何をイメージするだろうか？家や車，家電やコンピュータグラフィックなど，何かを形作るという印象があるかもしれない。しかし，例えば100歳時代の人生デザインとか，国家のグランドデザインというように，デザインとは，生き方や考え方，在り方といった，より深い意味でも使われるのである。
　「ユニバーサルデザイン」という言葉も，多様な人々がそれぞれの存在価値を見つけられる社会の在り方や，高齢国家日本で誰もが生きやすい環境を実現するためのビジョンという意味で使われる。もちろん，製品や建物，情報やサービス等の個々のデザインも，当然ながら多様な人に使えるものでなければならない。しかし，それは，最終的には，誰もが生きていきやすいユニバーサルな社会を実現するためのものなのである。

ユニバーサルデザインとは,「年齢や性別,能力や背景にかかわらず,できるだけ多くの人が使えるよう,最初から考慮して,まちやもの,情報やサービスを作っていくという考え方であり,そのプロセス」である。このユニバーサルデザインという概念が社会に登場するまでには,障害者や高齢者をめぐるさまざまな考え方の変化があった。米国における公民権運動の高まりや,ヨーロッパにおける時代状況を知っておく必要がある。

(1) ロン・メイスが感じたバリアフリーの限界

　ユニバーサルデザインの概念を提唱したのは,ノースカロライナ州立大学ユニバーサルデザインセンター所長ロナルド・メイス（通称ロン：Ronald Mace）である。ロンは,ポリオの後遺症による車いすユーザー

写真2-1　ロナルド・メイス

(写真提供：川内美彦)

であり，建築家であり，製品デザイナーであった。彼は，障害のある人やその家族にとって，家や公共空間をアクセシブルに使えるようにするためさまざまな助言を行っていた。最初は障害者にとっての障壁（バリア）を除去する（フリー）という概念で活動していたが，次第に，標準的な成人男子向けに作られたまちやもののバリアを後から除去することの限界に気付く。後付けでのデザイン変更は，どうしてもコストがかかる上に，美しくなく，障害があってもなくても使いにくいものになってしまうことさえあるからだ。

　ロンは，この課題を解決する方法を，「最初からできるだけ多様な人のためにデザインすればいいのだ」と気付いた。Mr. Average（ミスターアベレージ）とも言われる，いわゆる標準的で若い成人男性の基準に合わせてまちやものを作れば，女性や子ども，高齢者，障害者にとって，使いにくい点が出る。だが例えば，最初から車いすユーザーの移動を確保し，スロープやエレベーターを設置した駅舎は，妊産婦にもベビーカーユーザーにも，足の弱いシニアにも，外国からの旅行者にも，使える可能性が高く，当然ながら若い層にも使いやすいのである。

　Mr. Average とは，そのような平均的な人間が実際に存在するわけではなく，もともとは国連の1974年の「バリアフリーデザイン」"Barrier Free Design" という報告書で用いられた，統計上の標準的な体格や体力の人間のことである。一般的な若い男性の身長や体重，歩幅，握力，脚力，認知力などを基礎として，多くの公共建築や製品設計が行われることが多かった。だがロンは，そのようにして作られたまちやものが，女性には開けられないくらい重いドアとなったり，子どもには届かない洗面台だったり，高齢者や妊産婦，ベビーカーユーザーには乗りにくいバスであったりすることに気付いていた。

　障害者のためだけにまちやもののバリアを除去するのではなく，障害

者や高齢者をはじめとして，子どもや女性，たまたまケガをしている若い男性なども含め，もっと多くの人が使えるデザインにするほうが，社会全体にとって有益ではないだろうか？多くの人のニーズに寄りそうことで，多様な人が幸せになる社会へと変えていくことはできないだろうか？　ユニバーサルデザインはこのような背景から生まれた。

　ロンは，アメリカで初のアクセシブルな建築基準の策定に関わったが，その基準は1973年のノースカロライナ州の建築条例となった。この考え方は，他の州の建築条例をはじめ，1988年の「公正住宅法」[1]の制定や，障害者差別を禁止する1990年の ADA [2]（障害を持つアメリカ人法）の成立にも影響を与えた。ロンは1989年に，ノースカロライナ州立大学の中にアクセシブルハウジングのセンターを設立したが，これは後にユニバーサルデザインセンターと改名されている。

（2）米国における公民権運動と ADA

　ロンがユニバーサルデザインという考え方に気づき，広め始めたのは，1985年ごろではないかと言われている。このころ，アメリカでは，公民権運動の流れを受けて，障害者の権利運動が高まりを見せていた。性別，人種，肌の色などによる差別をなくしていこうとする公民権運動は，20世紀後半に入ってから多くの成果を生んでいたが，障害のある人に対しても，その障害ゆえに不利益を被ることがあってはならないという考え方が浸透しつつあったのである。

　この考え方を受けて，1990年には，「ADA」（障害を持つアメリカ人法，またはアメリカ障害者法とも訳される。この本では基本的に「障害のある」を使うが，ここだけは法律名なので「障害を持つ」としている。）が成立する。これは，政府をはじめとするさまざまな公共サービスが，障害のある人に使えることを義務付けるものであった。駅やホテル，レ

---

[1] Fair Housing Amendment Act
[2] Americans with Disabilities Act

ストランや学校など，一般的に市民が利用する場所はすべてが対象である。また，このADAの精神を受けて，さまざまな関連の法律が制定されていった。（詳細は第5章を参照）

情報通信のアクセシビリティに関連するものを紹介してみよう。同じく1990年に成立した「デコーダー法」[3]は，米国内で販売される13インチ以上のテレビには，聴覚障害者・高齢者・子ども・外国人などのために，字幕デコーダーのICチップを内蔵することを義務付けたものである。1996年の「電気通信法255条」[4]では，企業が作るIT機器やサービスに，アクセシビリティを要求している。また1986年に制定され，1998年に改訂されて義務化された「リハビリテーション法508条」[5]は，政府が調達するIT機器やWebサイトがアクセシブルであることを要求している。これらの法律を受け，米国内の企業，および米国政府と取引のある国際企業は，障害者にアクセシブルなものしか製造販売しないという方針をとった。これは，ユニバーサルデザインにとって，大きな推進力となっていった。なお，Webサービスなどの進展を受け，上記の255条と508条は2018年に実質的に統合された。製品を作る側にも，それを購入する側にも，アクセシビリティが義務化された。

障害者側の，「技術と教育によって社会参加を」という運動の高まりと同時に，政府側の法律制定による社会制度の改革が行われ，企業側も障害者・高齢者を顧客とみる意識変化が起きて，ユニバーサルデザインやアクセシビリティは，進んでいったのである。

2. ヨーロッパにおける状況

(1) ノーマライゼーション

ヨーロッパ，特に北欧においては，多様な人々と共に生きていくという思想が早くから定着していた。

---

[3] Television Decoder Circuitry Act of 1990
[4] Section 255 of the Telecommunications Act of 1996
[5] Section 508 of the Rehabilitation Act

第2章 ユニバーサルデザインを支える概念 | **29**

写真2-2　ニルス・エリク・バンク-ミケルセン
（出典：WikiMedia Commons）

　ニルス・エリク・バンク-ミケルセン（Neils Erik Bank-Mikkelsen）は，1919年にデンマークで生まれた人であるが，「1959年法」において，初めて「ノーマライゼーション（Normalization）」という言葉を提唱したとして知られている。特に知的障害のある人々に対し，それまでの分離・隔離政策ではなく，市民の一人として，普通の生活を家族と共に送ることのできる概念として，ノーマライゼーションを定義した。住みたいまちで普通の生活を送るための条件を整備することが重要だと考え，当事者が，ヘルパーやボランティアの力も借りて，グループホームや自宅で暮らし，地域の中で生きていくことを，自然，すなわちノーマルなこととしたのである。この考え方は，それまで，障害者や高齢者をへんぴな場所の大きな施設に閉じ込めていた行政に，大きなインパクトを与え，世界各地で，施設解体へとつながっていった。
　バンク-ミケルセンの提唱したこのノーマライゼーションという考え

写真2-3　ベンクト・ニィリエ
（写真提供：ユニフォトプレス）

方は，スウェーデンのベンクト・ニィリエ（Bengt Nirje）に引き継がれていく。1963年にデンマークの1959年法を読んだベンクト・ニィリエは，当時，知的障害児者連盟で活動していたが，この法律の考え方に共鳴し，それを成文化する。彼の著作『ノーマライゼーションの原理』は，その後，スウェーデンをはじめとする欧米諸国の障害者政策の基礎となった。保護から援護へ，そして，権利としての援助サービスへ，また対象もより多様な障害者へと広がっていった。障害のある人が，可能な限り，普通の生活のリズムを維持し，その人に合ったサービスを受けながら，地域の中で生活していくための，具体的な施策が提案されている。また既存の施設を解体するための計画も，行政側が実施期日を決めて政

府に提出すべしという徹底ぶりであった。

　このような流れを受けて，北欧では，障害者も高齢者も，市民としてごく当たり前に地域で生活をするというライフスタイルが浸透していく。ノーマライゼーションの考え方は，その後の国連における一連の障害者の権利宣言の基礎となり，1975年の「障害者の権利宣言」や1981年の「国際障害者年」，1982年の「障害者に関する世界行動計画」の採択へとつながっていった。この流れはアメリカ・カナダにも紹介され，その後のユニバーサルデザインの概念形成や，1990年の ADA にも影響を与えた。

（2）デザインフォーオール

　ヨーロッパにおけるユニバーサルデザインの同義語として，デザインフォーオール（Design for All）が挙げられる。これは，1990年代の初

図2-1　Design for ALL foundation の Web サイトより

めごろからヨーロッパで普及してきた概念である。生活する上での環境や利用する製品などを，あらゆる人に使えるものにしていこうという考え方は，ユニバーサルデザインとほぼ同じである。ここでいうオール (All)，すなわちすべての人という言葉には，あらゆる年齢，性別，人種，背景の人それぞれを含めており，そのような多様な人々の利用を，最初から考えて，まちやものをデザインしていくという意味合いで使われている。ヨーロッパには2002年に設立された Design for All Foundation があり，多くの国から行政や民間組織が参加している。ここでは Society for All や Museum for All といった活動も行われている。

ただ日本では，この All という言葉が「あらゆる人，多様な人がそれぞれに」という本来の意味でなく，「全員」と訳されてしまったゆえに，問題が起きた。「全員が使えるものは，誰にも使えないのではないか」という誤解が生まれたのである。そのため日本ではデザインフォーオールという言葉や概念は，あまり普及しなかった。All とは，全員が同じになることではなく，多様な人それぞれにという意図であったのだが，ノーマライゼーションや公民権運動などへの理解が薄い日本では，残念ながらその意味するところが正しく伝わらなかったと思われる。

(3) インクルーシブデザイン

EU 全体ではデザインフォーオールという言い方が一般的であったが，イギリスでは，少し異なる言い方がなされた。それが，インクルーシブデザイン (Inclusive Design) である。1990年ごろから，ロンドンにあるロイヤル・カレッジ・オブ・アート (Royal College of Art) で，ロジャー・コールマン (Roger Coleman) らが率いたデザインエイジ (Design Age) というグループが提唱した概念である。多様な人々，特に高齢者の利用を考えて，製品やサービスをデザインするための手法を

提案した。このグループは，現在はより広いユーザーを考えるヘレン・ハムリン・センター・フォー・デザイン（The Helen Hamlyn Centre for Design）の中で，インクルーシブデザインを推進している。

これまで Exclude（排除）されてきた人々を，Include（含む）という概念であったことから，デザイン用語としてだけでなく，多様な人を含む社会へという社会学的な意味合いで使われることもあり，ノーマライゼーションの流れを汲む欧米では，受け入れられやすい概念であった。カナダでは，2012年の5月に，トロントのオンタリオ州立芸術大学（OCAD）を中心に，Inclusive Design Institute が設立され，製品やICT，放送メディアなどをより使いやすいものにしていくセンターとなった。

日本でも，ユニバーサルデザインと同義語で使われる場合もあるが，プロダクト（製品）デザインよりも，多様な人間を含むインクルーシブな（社会の）デザインという場合に使われることが多い。また知的障害者を含むノーマライゼーションの意味合いで使われる場合もある。

（4）No One Left Behind

"No One Left Behind"とは，直訳すれば「誰も残していかない」という意味である。教育においてはどの子どもも取り残していかないという文脈で使われることもあり，発展途上国や地域の開発においては，どの地域も置き去りにしないという意図で使われる。災害時に地域の誰をも取り残さず救うという方針や，子どもの貧困など格差解消の際に使われる言葉でもある。

そのため，文章中では，"No one will be left behind."と使われることや"Leaving no one behind"という言い方をされることもある。

2015年の国連で持続可能な開発サミットが開催され，193の参加国に

より全会一致で採択されたのが,「我々の世界を変革する：持続可能な開発のための2030アジェンダ」である。これを貫く重要な理念が,「誰一人取り残さない - No one will be left behind」であった。それぞれの国において,女性,子ども,障害のある人,貧困や格差などに苦しむ人々を,世界の発展から誰一人取り残さずに進むという意思表示である。国際社会が2030年までに貧困などを撲滅し,持続可能な社会を実現するための重要な指針として,17の目標（ゴール）が持続可能な開発目標（Sustainable Development Goals：SDGs）として設定されている。

　この言葉はデザインに関する用語ではないが,ユニバーサルデザインの目指す世界観に近い理念である。最も先鋭的なニーズを持つ人に使えるものは,すべての人を幸せにできる可能性を秘めるからである。今後の展開が待たれる。

図2-2　持続可能な開発目標（SDGs）
（出典：国連開発計画（UNDP）駐日代表事務所 Web サイト）

3. ユニバーサルデザインの2大要素

　ユニバーサルデザインの概念について見てきたが，ユニバーサルデザインを実際に具現化するための基本的な要素についても触れておきたい。ユニバーサルデザインには，基本的な構成要素として，2つの重要な概念がある。アクセシビリティとユーザビリティである。

(1) アクセシビリティ

　アクセシビリティ（Accessibility）とは，「アクセス可能性」という意味の英語である。一般的に，単にアクセス，という場合には，例えば駅から市役所までのアクセスというように，駅から市役所まで，どのように行けばよいか，交通機関は何が使えるか，何分くらいかかるか，といった手段や所要時間などの情報を指すことが多い。しかし，「アクセスできる可能性」という意味のアクセシビリティは，そこへ「到達することができる」というだけではなく，「そこでの目的を果たすというタ

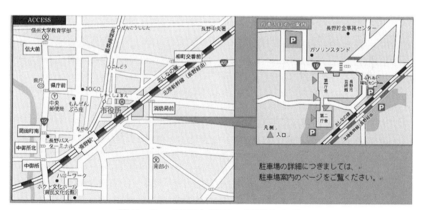

図2-3　長野市役所へのアクセス
（出典：長野市 Web サイト）

スクを完了できる」までを含む概念である。

　市民が市役所へ用事があって行くのであれば，市役所の建物に到達できるのはもちろん，目指す課まで行き，書類に記入して目的の作業を終えるところまで，アクセシビリティが確保されていなくてはならない。車いすやベビーカーのユーザーがレストランに行くなら，そこへ到着し，車を停めて，スロープやエレベーターを使って中に入り，料理を注文して，食事をし，お金を払って出て行く一連の手順が滞りなく行われることが，本来のアクセシビリティである。

　ICT（情報通信技術）のアクセシビリティとは，利用する目的を果たすところまでという，本来の意味で使われている場合が多い。例えば視覚障害のある人が，目指すサイトにたどり着き，音声や拡大ソフトなどを使ってそこに書いてある内容を把握することだけを指すのではない。そのサイトで，目的としていた必要な情報を入手したり，欲しい品物をネット通販で買ったり，ホテルや航空券を予約したりできることまでを指す。携帯電話やATM，テレビやラジオも，その機器に触るだけでなく，それを使って情報が受け取れて，内容が分かることが重要なのである。

（2）ユーザビリティ

　ユニバーサルデザインの2つ目の構成要素は，ユーザビリティ（Usability）である。一般的に「使いやすさ」「使い勝手」「有用性」などと訳されるが，シンプルに言えば，ユーザビリティとは，「ユーザーが自分のやりたいことを成し遂げるための商品特性のこと」である。ISO9241-11では「特定の利用状況において，特定のユーザーによって，ある製品が，指定された目標を達成するために用いられる際の，有効さ，効率，ユーザーの満足度の度合い」であると定義される。詳細は，放送

大学のユーザビリティの専門講座（コンピュータと人間の接点('18)など）を参照して頂きたいが，ここでは，ユニバーサルデザインの観点におけるユーザビリティについて言及しておこう。

ICTのユニバーサルデザインとして考えれば，ユーザビリティとは，ユーザーがその製品やサービスを使うとき，ちゃんとサクサク使えて，満足したか，ということである。

どんなにアクセシビリティだけが良くなったとしても，このユーザビリティが良くないと，ユーザーの満足度は上がらない。例えて言えば，階段のそばに長いスロープをジグザグに作ったとする。確かにアクセシブルではあるが，それを使うベビーカーユーザーや車いすユーザーは，あまり幸せではないだろう。字が巨大などの，あまりにも高齢者向けです！という印象の製品は，高齢者には人気が出ない。却って使いにくいことさえある。チェックツールで特に問題のないWebサイトやデジタルサイネージ（電子掲示板）でも，実際に使ってみたら，肝心のアイコンが小さすぎたり，カラーユニバーサルデザインに配慮がなかったりして，使い勝手が悪いこともある。

ユーザビリティという概念は，今ではもっと広く捉えられており，UX（User Experience：ユーザー経験）などにも広がっている。また，それを実現するためのさまざまな手法や評価のツールが存在し，企業の中でも専門家を育成している。

ユニバーサルデザインの実現のためには，ユーザビリティやUXの専門知識を持つことと共に，多様なユーザーを理解し，そのニーズを把握した製品開発を行うことが望ましい。高齢者や障害者などの「ユーザーエキスパート」が，デザインや開発にあたることも重要である。アクセシビリティとユーザビリティの両方を良く理解し，設計に活かす努力が必要である。

ユニバーサルデザインの製品設計においては，このようなユーザビリティにおけるさまざまな手法や方法論を組み合わせつつ，対象を若年層だけでなく，高齢者層や障害のあるユーザー，子どもなどに広げ，その人々がアクセスできるようにする。それにより，アクセシビリティとユーザビリティの両方を確保し，より，多様なユーザーに「利用できる」「使いやすい」ことを目指すものである。一般的なユーザーでは，使い勝手の評価だけでよいが，多様なニーズを持つユーザーにとっては，まずは「アクセシビリティの評価＝使えるかどうか」を確認し，その後，その人にとっての「ユーザビリティの評価＝使いやすさ」の検証へと進む。どちらの評価も，ユニバーサルデザインを実現する上では，重要なものである。

最後に，障害学会初代会長の石川准先生（全盲，静岡県立大学教授）の言葉を紹介しておこう。

多くの人は「健常者は配慮を必要としない人，障害者は特別な配慮を必要とする人」と考えている。しかし，「健常者は配慮されている人，障害者は配慮されていない人」というようには言えないだろうか。

たとえば，駅の階段とエレベータを比較してみる。階段は当然あるべきものであるのに対して，一般にはエレベータは車椅子の人や足の悪い人のための特別な配慮と思われている。だが階段がなければ誰も上の階には上がれない。とすれば，エレベータを配慮と呼ぶなら階段も配慮と呼ばなければならないし，階段を当然あるべきものとするならばエレベータも当然あるべきものとしなければフェアではない。実際，高層ビルではエレベータはだれにとっても必須であり，あるのが当たり前のものである。それを特別な配慮と思う人はだれひとりいない。と同時に，停

電かなにかでエレベータの止まった高層ビルの上層階に取り残された人はだれしも一瞬にして移動障害者となる。

　大きな会場でのセミナーではマイクとスピーカーが用意される。配布資料を用意するように求められることも多い。プロジェクタを使ってスライドを見せることも当たり前のこととなってきた。マイクの準備を怠って，聴力レベル0デシベル周辺のいわゆる健聴の人たちにとっても話が聞こえにくい場合には，主催者の失態とみなされる。配布資料もなく，スライドもないというようなセミナーは手抜きということになる。一方，聴覚障害者やろう者のために要約筆記や手話通訳を用意するシンポジウムや講演会はきわめて例外的だ。点字の資料が出てくることはさらに稀だ。だが，もしそれらが提供されるセミナーであれば，障害者に配慮したセミナーだとされる。当然あるはずのものがないときと，特別なものがあるときの人々の反応はまったく違う。

　要するに，障害は環境依存的なものだということである。人の多様性への配慮が理想的に行き届いたところには障害者はおらず，だれにも容赦しない過酷な環境には健常者はいない。そして中間的な環境には健常者と障害者がいる。そしてそのような中間的な環境では，多数者への配慮は当然のこととされ配慮とはいわれないが，少数者への配慮は特別なこととして意識される。だから，障害者の権利条約における合理的配慮とは，配慮の不平等を是正するための「必要かつ適切な変更及び調整」という意味であり，過度な負担とはならないにもかかわらず，配慮の不平等を容認，放置することは差別であると明確に規定しているのである。

ユニバーサルデザインにかかわる人のみならず，すべての人に知ってほしい言葉である。

参考文献・サイト

1．関根千佳（2010）『ユニバーサルデザインのちから～社会人のための UD 入門～』生産性出版
2．八代英太（編集），冨安芳和（編集）（1991）『ADA（障害をもつアメリカ人法）の衝撃』学苑社
3．川内美彦（1996）『バリア・フル・ニッポン―障害を持つアクセス専門家が見たまちづくり』現代書館
4．花村春樹（1998）『「ノーマリゼーションの父」N・E・バンク - ミケルセン―その生涯と思想』ミネルヴァ書房
5．ベンクト・ニィリエ（2000）『ノーマライゼーションの原理―普遍化と社会変革を求めて』現代書館
6．黒須正明（2003）『ユーザビリティテスティング―ユーザ中心のものづくりに向けて』共立出版
7．Design for ALL Foundation：
   http://designforall.org/design.php
8．国連 SDGs：（総務省 Web サイト）
   http://www.soumu.go.jp/toukei_toukatsu/index/kokusai/02toukatsu01_04000212.html
9．長野市 Web サイト
   https://www.city.nagano.nagano.jp/site/siyakusyoannai/127509.html
10．石川准 Web サイト
    http://ir.u-shizuoka-ken.ac.jp/ishikawa/
11．石川准，他（2008）『本を読む権利はみんなにある』岩波書店
    http://www8.cao.go.jp/shougai/suishin/kacho_hearing/d-17/pdf/s2-1.pdf

3 | ユニバーサルデザインのまちづくり・ものづくり

関根千佳

《目標＆ポイント》 ユニバーサルデザインは，社会全体のデザインでもあるため，それがカバーする範囲も，大変幅が広い。この章ではその中でも代表的な，まちづくり，ものづくりについて，建築，公共交通，車，身近な製品やファッションなどのユニバーサルデザインの実例と普及状況を知る。
《キーワード》 まちづくり，ものづくり，建築，公共交通，車，ファッション，プロダクトデザイン

1. まちづくり

　建築や公共交通においては，欧米ではユニバーサルデザイン（以下 UD と略す）の考え方は，もはや「配慮」の段階を通り過ぎ，今では当たり前の「前提」になってきた。特に公共の建築や交通機関においては，多くの人が使う場所のアクセシビリティは義務化されており，日本でも徐々に浸透してきた。

（1）建築におけるユニバーサルデザイン

　日本でも，多くの人が使うデパート，ホテル，映画館，コンサートホール，病院などの公共建築物は，規模と用途によってアクセシビリティの適合義務がある。新規の建築物はもちろん，既存の建築物においても，改修や用途変更時には基準への適合が求められている。だが，学校や事

務所,共同住宅などに関しては,1994年のハートビル法⁽¹⁾では対象とされていなかった。

しかし,学校は地域の多様な人々が運動会や文化祭などで集まる場所であり,選挙のときには投票所にもなる。また防災拠点でもあり,非常時には避難所にもなる。1995年の阪神大震災においては,学校がアクセシブルでなかったために,多くの高齢者がトイレに行けず,水分摂取を控えた。このため血栓や脳血管障害で亡くなった人もいる。この反省を踏まえ,学校のUDも理解が進み,2021年施行のバリアフリー新法⁽²⁾では,公立小中学校は,特別特定建築物として義務の対象となった。事務所や工場など雇用の場に関しては,2006年のバリアフリー新法では特定建築物として努力義務にはなったが,2021年の改正でもまだ義務化の対象ではない。アメリカのADA(障害を持つアメリカ人法)が,1990年に

図3-1　熊本県のユニバーサルデザイン建築ガイドライン
(出典:熊本県Webサイト)

---

(1) 正式には「高齢者,身体障害者等が円滑に利用できる特定建築物の建築の促進に関する法律」2006年のバリアフリー新法の制定に伴い廃止。
(2) 正式名称は「高齢者,障害者等の移動等の円滑化の促進に関する法律」

は私企業も含めてすべてのオフィス，学校を含む建築物をアクセシブルに義務化したのと比べると，かなり遅いが，それでもようやくここまで進んだと言える。なお，このバリアフリー新法は2018年に改正され，ホテルなども含まれるようになった。また，2017年の「ユニバーサルデザイン2020行動計画」では，ICTによる情報提示についても言及されている。

　学校や事務所を含む建物が，誰にでも使えるようアクセシビリティを確保したり，使いやすいようユーザビリティに配慮したりというのは，多様な市民を受け入れる義務のある公共建築としては，当然のことである。例えば，国土交通省の官庁営繕という部署では，2006年に「官庁施設のユニバーサルデザインに関する基準」を設けている。今後ますます少子・高齢社会となることを前提に，乳幼児から高齢者，外国人など多様な人が利用する公的施設では，ユニバーサルデザインの実現が必須となっている。子ども・妊産婦・高齢者・障害者などを含むすべての人が，安全に，安心して，円滑かつ快適に利用できる官庁施設を目指し，施設整備などを進めようとしているのである。

　そのため，官庁営繕では，「ユニバーサルデザインレビュー」を行うことを推奨している。これは，計画・設計・施行・運用の各段階において，多様な利用者の声を聞きながら，できるだけ誰もが使いやすいものとなるよう，改善を繰り返して水準を上げていく「スパイラルアップ」を目指すものである。

　このように，企画・計画の段階から，ユーザーの声を聞いて設計に反映させ，モックアップ（模型）でも評価し，運用が開始されてからも，ユーザーによる評価を続けて，さらに使いやすい施設にしていくというユニバーサルデザインの手法を踏襲する設備は増えてきている。ユニバーサルデザインが，市民と共に，創り上げていく「プロセス」であることの本質につながる取り組みである。

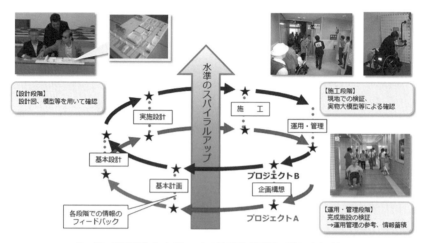

≪ユニバーサルデザインレビューによるスパイラルアップのイメージ≫

図3-2 国土交通省 官庁営繕部 ユニバーサルデザインの実現を目指した人にやさしい官庁施設の整備　　（出典：国土交通省 Web サイト）

　2016年の障害者差別解消法以降は，障害を理由に利用を断ることはできなくなったため，できる限りのアクセシビリティが求められている。建物のアクセシビリティは，私企業では努力義務であることに変わりはなく，法的な拘束力はゆるいが，顧客の高齢化に伴い，意識が変わってきている。

　デパートやレストラン，ホテルなどで建物のユニバーサルデザインを進めることは，少子高齢社会の日本にとっては，メリットが大きい。企業にとっても，利益に直結することとなる。まず，ベビーカーのユーザー層が増える。妊産婦，子ども連れ，そして三世代の顧客が増える。高齢者と若夫婦がベビーカーを押して来たり，孫が祖父や祖母の車いすを押してくることもある。多世代でやって来る層は，滞在時間も長く，顧客単価も比較的高いケースがあると言われている。小売業などでは建物

図 3-3　和風旅館のユニバーサルデザイン事例　嬉野温泉　和楽園
（出典：佐賀　嬉野温泉　和楽園 Web サイト）

のアクセシビリティ確保は，高齢社会における戦略として，最初に行っておくべきことなのである。ユニバーサルデザインの理解は，じつは企業の死活問題なのである。建物のユニバーサルデザインは，高齢社会日本では，企業にとっては利益の生命線であり，個人にとっては店や宿の選択の際に重要な評価基準なのである。

（2）公共交通

　飛行機，電車，バス，タクシーなどの乗り物そのものも，また空港，駅舎，バス停など，乗降のための周辺地域も，公共交通のユニバーサルデザインのカバーする領域である。個々の乗り物や駅を改善すること，言わば「点」の UD に始まり，それを路線へ広げ「線」の UD へつなげ，次にその地域全体の移動をアクセシブルに，使いやすいものにして「面」の UD へと徐々に広げていくことが必要である。最終的には，ドアからドアへ，家から目的地まで困難なく移動でき，その途中も家族と共に楽しめる，ユニバーサルデザインであることが求められている。また，移

動に際して，物理的な部分だけでなく，それに付随するさまざまな情報提示の在り方にも，ユニバーサルデザインの視点が求められているが，これについては次の章で述べる。

(1) 乗り物のUD

　乗り物のUDには，電車，車，バス，飛行機など，さまざまなものが含まれる。路面電車は，横移動のエレベーターとも呼ばれている。新型のライトレールでは，地上と乗車部分の段差を少なくしたものも増えてきた。広島の市電や，富山のライトレールが有名である。ベビーカーや車いすでの乗り降りが可能な，アクセシブルな車種が増えている。

　電車では，福岡の市営地下鉄，東京の大江戸線など，ユニバーサルデザインを前提としたものが主流になりつつある。視覚障害者などの転落を防ぐためのホーム柵が設置され，電車とプラットフォームの間の段差も少なくなった。京成電鉄では，その段差解消のために，電車側から自動的に板が出る機能を採用している。だが，多くの駅では，車いすユーザーの利用に際しては，駅員が介助する方式を取っている。車いすを渡すための板を設置し，乗降を手伝う。しかし，これには事前予約が必要であり，大きな駅では毎日100名以上の介助依頼があるとのことで，高齢社会が進むにつれて大きな問題になっている。そのため，仙台市営地下鉄では，電車とプラットフォームの間の段差を限りなく少なくし，自力で移動できる車いすユーザーは，事前予約がなくとも自分で乗降ができるようにした。車両と駅の連動により実現されたユニバーサルデザインは，ベビーカーユーザーや旅行者にも好評である。

　バスも，高齢化の進む地方では特に，ユニバーサルデザインが必要である。ノンステップバスや，乗降時に車体が傾くニーリングバスも導入が進んでいる。例えば，金沢の市内を走る「ふらっとバス」は，低床で，

高齢者も子供も乗降がしやすい。車いすにも対応可能な板が常設されている。小型なので，金沢の小さな路地にも入れる。オンデマンドで乗降が可能なエリアもある。そしてこのバスの特徴は，とても美しいことである。見事な加賀友禅のラッピングバスで，どの方向から見ても優雅である。美しく使いやすい UD の実例である。

　日本でも，電車やバスの中に，車いすやベビーカーが乗り込むのは当たり前の光景になってきた。車内に車いすやベビーカーで乗り込める場所も確保されつつある。海外では，自転車も持ち込める車両がある。サンフランシスコの路面電車の後ろに，自転車を取り付けて走っているのを見た方もいるだろう。今後の日本でも検討されるかもしれない。

　今後，社会の高齢化が進むにつれて，移動手段の UD はますます需要が増える。電動アシスト自転車は，高齢者のニーズを把握して作られたが，かっこいいからと広い年代に受け入れられた。電動車いすも，かっこいいデザインであれば，障害者だけでなく，免許を返納した高齢者な

図 3-4　「ふらっとバス」金沢市
（出典：金沢市 Web サイト）

どにも受けるだろう。自動運転の車が普及すると，さまざまな UD な車が街にあふれる可能性がある。それらを，所有するのではなく，シェアして利用するシステムも普及するものと思われる。自分に合ったタイプの車を，必要な時だけ呼んで，用が済んだら，自動的に車庫に帰っていく光景も，普通になるかもしれない。

（2）駅や空港の UD

　駅や空港など，公共の場所では，移動のアクセシビリティの確保が最重要課題である。乗降客が3,000人以上いる駅ではエレベーター，エスカレーターの設置が義務付けられている。これ以下の駅でも，跨線橋（こせんきょう）へのエレベーター設置などが進んできた。

　電車のところで触れた仙台の地下鉄では，改札口の幅を90センチで統一して車いすやベビーカーが困難なく通れるようにし，ホーム上の幅も，最低でも1.5mを確保して車いすや乗客が無理なくすれ違えるようになっている。また，車いすユーザーが駅員の介助なしでも乗降できるよう，ホーム端に緩衝材を設置し，段差2センチ，隙間3センチにしている。

　空港においては，さらにユニバーサルデザインが進んでいる。移動経路のアクセシビリティはもちろんのこと，複雑な乗換に関しても大きなトランクを持つ人が多いため，通路幅やエレベーターの箱のサイズもユニバーサルデザインに配慮している。また，成田空港や羽田空港などでは，多様な背景の方のニーズに応えるため，イスラム教の信者の方向けのお祈りの部屋，発達障害の方の気持ちを鎮めるためのカームダウン・クールダウンの部屋，補助犬のためのスペースなどを設けている。

　なお，旅客船や港に関しては，あまりユニバーサルデザインは進んでいないが，今後，高齢化に伴うニーズの変化や，海外からのクルーズ船の寄港などが増えるため，国際的なアクセシビリティ標準に合致した整

備が求められている。例えば米国のクルーズでは，船は UD でなくてはならず，アクセシブルでない港へは寄港しない。日本を通り過ぎていかないためにも，UD が必要である。

2. ものづくり

(1) ものづくりのデザイン

　プロダクトデザインの世界において，ユニバーサルデザインは大変重要である。個人が購入する家や車，家電や家具，生活用品においても，子どもから高齢者まで，みんなが使えるものでなくては，困る場合が多いからである。車を購入する場合の最終決定権は，じつは女性が握っているというデータもある。小さな子どもや足の弱いシニアと一緒でも使いやすいことは，家族を乗せて移動する車としては重要な要素である。家庭内で利用される家具，家電，家庭用機器も，すべてが UD の対象である。子どもが，高齢者層が，障害を持つ人が使う可能性を考えて，デザインされ，販売されるべき商品だからである。

(2) 家電や ICT 機器の UD

　家電や ICT 機器など，ユーザーインターフェースに UD が必須の業界もある。欧米では，リハビリテーション法508条のように，公共調達（行政がものを購入すること）では UD のものしか買ってはいけないという法律があり，Apple，Microsoft，IBM，Amazon，Google などの ICT 企業は，初めから UD を意識して製品やソフト開発を行っている。また，日本では法律は存在していないが，多くの企業が，世界最高齢国家となった日本における戦略として，UD を製品開発の基礎に据えている。パナソニック，三菱電機，NEC，富士通，日立，TOTO，NTT，リコー，キヤノン，オムロン，京セラなどは，デザインセンターの中で

UDをきちんと位置付けている。これらの企業では、ユーザーの多様性を理解し、多様な当事者にユーザー・エキスパートとしてPDCA（Plan Do Check Actの頭文字で、ものごとを作りだすプロセスのこと）の重要な局面に参画していただくことをデザインの基本としている。新製品の開発やバージョンアップに関しても、アクセシビリティとユーザビリティを向上させることを、絶え間ない改善で繰り返す「スパイラルアップ」の努力をしている。公共の場で使われるATM、自動販売機、券売機、情報キオスク、デジタルサイネージなどは必ずUDレビューを行うようになった。また、家庭内で使われる冷蔵庫、ポット、炊飯器、掃除機、テレビ、ラジオ、洗濯機、調理用レンジ、スマートフォン、パソコンなど、あらゆる機器は、UDの対象である。

　これらの機器の開発においては、デザインセンターの中のユーザビリティの専門家が、ユーザー経験（User Experience）や人間中心設計

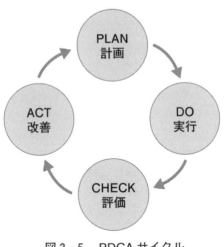

図3-5　PDCAサイクル

（出典：筆者作成）

図3-6 「OXO 皮むき器（タテ型ピーラー）」OXO（オクソー）
(出典：OXO Web サイト)

（Human Centered Design）の手法を用い，ペルソナ法[3]，シナリオライティング法[4]などにより，直感的に理解しやすい（専門用語ではアフォーダンスの高い）製品開発を行っている。その際にできるだけ多様な年齢や背景のユーザーに評価していただいて，アクセシビリティを高めるという開発手法を取るメーカーもある。

（3）一般製品の UD

一般的なプロダクト，製品においても，ユニバーサルデザインは大変重要である。キッチン用品，食器，園芸用品，文具，家具，住宅など，多様な年代の家族が，きちんと使えることが前提だからである。

OXO 社は，誰にでも使いやすいユニバーサルデザインのキッチン用品を作ることを目的として，1990年にアメリカで設立された会社である。性別や年齢，利き腕などにかかわらず，使いやすい商品を揃えている。りんごの皮をむくのに苦労していた関節炎の妻のために，使いやすい縦

（3）ペルソナ法：仮想のユーザー像を年齢，趣味などよりリアルに記述してイメージを共有する手法。
（4）シナリオライティング法：ペルソナがその製品を使うシーンなどを具体的に記述することで，企画・デザイン・開発・販売などのチームが情報を共有する手法。

型の皮むき器を開発したのを皮切りに，片手でも回せるプッシュ式野菜水切り器，真上や横からも目盛を読むことのできる透明なプラスチック計量カップなど，2019年現在，1,000を超える商品が出されている。

　岩手県を中心とする若手デザイン集団である「てまるプロジェクト」では，陶器や漆の美しい食器を提案している（図3-7）。高齢で食の細くなった高齢者も，自分で食べたいと思う子どもたちも，プラスチックではない，本物の焼き物や塗り物の，美しく使いやすい食器であれば，食が進むという。

　オムロンヘルスケアでは，体温計や血圧計など，子どもから高齢者まで使う製品のユニバーサルデザインを追求している。コクヨは，すべての商品をユニバーサルデザインにするという思想のもとに，子どもから大人まで，みんなで使える文房具を開発している。安全で，使いやすく，誰もが，使って笑顔になれるような製品群を提案して，好評を博している。オフィス機器のイトーキも，UDでエコな製品群を提案している。疲れにくい椅子や，パソコンを長時間使うことを想定した机などは，リタイアしてから家で仕事を始めるシニア層にも好評である。

　家は家族を何十年も守る場である。子どもが成長し，人が年齢を重ねていく場でもある。キッチンやリビング，寝室，お風呂，トイレも，年齢を超えて使いやすいものでなくてはならない。このことをトランスジェネレーショナル（Transgenerational　年代を超えた）デザインと呼ぶ。家庭内で使われる製品群も，同様に，年齢を重ねて使いにくくなるようでは困るので，ユニバーサルデザインが必要とされるゆえんである。

（4）食品や飲料のUD

　飲料や食品など，ふだん，私たちが何気なく使っているものにおいても，各社は，UDに配慮した開発を行っている。例えば，ペットボトル

図3-7　「てまるプロジェクト」の漆器，食器
（出典：「てまる」Web サイト）

は，開けやすく，握りやすく，成分表示の情報が見やすくなくてはならない。もう一回閉めて持ち運ぶ際には，きちんと閉まらなくてはならず，さらには廃棄する際のラベルのはがしやすさ，分別しやすさなども評価の対象になる。子どもの食べるお菓子は，袋の開けやすさ，アレルギーなどの成分表示も必要だ。調味料や一般食品も，購入者や調理者に，高齢者や障害を持つ人がいることを考慮して，開けやすさや分かりやすさが求められている。キューピーや味の素は，ベビーフードのアレルギー表示を分かりやすくしてママたちに高く評価された。旭化成で開発された，ある方向に力を加えると切れるがそれ以外の方向では切れにくい素材（商品名イージーオープン）は，開けやすい包装材として，食品のた

れや駅弁のカバーなどに利用されている。牛乳などの紙パックに切込みを入れて判別しやすくしたり，缶ビールなどの上部に「おさけ」「さけ」という点字を入れるメーカーもある。点字を考案したルイ・ブライユの生誕地であるフランスでは，ワインのラベルに点字が印字してある。

（5）ファッションの UD

　衣類やファッションに関しても，UD が果たす役割は大きい。遊具やドアにひもなどがひっかかって子どもがケガをする，袖に火がついて高齢者が火傷するといった，衣類の安全・安心と同時に，着脱のしやすさ，細かい手作業を必要としない動作なども，衣類に求められる要件となっている。例えば，ファスナーは，ボタンをうまく留めることの難しい子どもやシニアのために開発されたものである。面ファスナー（商品名としてはマジックテープやベルクロなど）のような，少ない力で着脱できる素材も UD である。今では，洋服にとどまらず，スニーカーやウォーキングシューズなどにも多用されているし，締め付けが苦しくないため和装用小物にも多く使われるようになってきた。ファッションそのものも，年齢を問わずおしゃれを楽しみたい人が増え，さまざまなニーズに対応できるものが増えてきている。体型を自然に隠し，かっこよく見せるためのシニア向けファッションは，カジュアル，フォーマルを問わず，一般化してきた。それでも，海外のデパートに比べると，日本のショップでは 9 号と 11 号しか置いてない場合が多く，選択の幅が狭い。欧米では，2 号から 26 号くらいまで，日本で言えば子ども服のサイズからお相撲さん以上のサイズまで，普通に並べて売ってある。選択の幅が広いということも，UD である。ウェディングドレスも，高齢で結婚する人の増加に伴い，年齢の高い花嫁向けの専門店やネットショップがある。ニューヨークには，高齢女性だけをモデルにしたファッション雑誌があり，

日本でも銀座などで高齢市民モデルを使った雑誌が発刊されている。
　また，衣類そのものではなく，サービスの UD に分類されるべきかもしれないが，試着室の UD も重要である。海外では，ショッピングセンターの試着室には必ずアクセシブルなものがあり，ベビーカーと一緒にまたは車いすで入れるが，日本ではほとんどそのようなものを見かけない。椅子さえないのが現状なので，シニアにとっては試着自体が難しい場合もある。試着室の UD は，今後の課題である。
　小物に関しては，年齢を問わず使うので，ニーズはさらに大きい。だが，ネックレスやペンダントの留め金を留める作業が，細かい指の動きを必要とするため，苦手になってしまう高齢者や障害者は多い。化粧品なども，使い方や成分表示部分の見やすさ，わかりやすさ，箱やボトルの開けやすなど，UD が重要になってきている。化粧品の誤用により肌荒れを起こすなどの被害も出ている。このニーズに関しては，医薬品の

図 3-8　アクセシブルな試着室
（出典：㈱ユーディット Web サイト）

UD も同様である。これを何錠，いつ，どのように飲めばよいかといった重要な情報が，小さすぎる表示になっていることは，単身の高齢者や，高熱などで意識がもうろうとしている状態の人にとっては，大変危険でもある。また，高齢者が，錠剤の入ったプラスチックの包装シートと一緒に飲みこんでしまい，とがった部分で喉を傷つけるという事故も多く発生している。子どもには開けにくいといった安全性の確保と共に，UD が重要な分野である。

参考文献・サイト

1. 「熊本県のユニバーサルデザイン建築ガイドライン」熊本県 Web サイト
   https://www.pref.kumamoto.jp/kiji_3203.html
2. 国土交通省，官庁営繕部，ユニバーサルデザインの実現を目指した人にやさしい官庁施設の整備
   http://www.mlit.go.jp/gobuild/sesaku_bfree_bfree.htm
3. 「和風旅館のユニバーサルデザイン事例　嬉野温泉　和楽園」佐賀県 Web サイト
   http://www.warakuen.co.jp/sazaWayo.html
4. 「ふらっとバス」金沢市
   http://www4.city.kanazawa.lg.jp/11310/taisaku/flatbus/gaiyou.html
5. 仙台市地下鉄
   http://www.mlit.go.jp/sogoseisaku/barrierfree/sosei_barrierfree_tk_000085.html
6. 「OXO　皮むき器」OXO（オクソー）
   http://www.oxojapan.com/swivel-peeler
7. てまるプロジェクト　http://temaru.jp/product/
8. アクセシブルな試着室
   http://www.udit.jp/report/udreport/tour/ukandus/433.html
9. 古瀬敏（2001）『建築とユニバーサルデザイン』オーム社
10. 川内美彦（2007）『ユニバーサル・デザインの仕組みをつくる』学芸出版社
11. Nikkei Design 編集（2004）『ユニバーサルデザイン事例集100』日経BP社

4 | サービスと情報提示の ユニバーサルデザイン

関根千佳

《目標＆ポイント》 ユーザーの高齢化や国際化に伴い，飲食・宿泊などを含む観光，小売，学校，病院，銀行や行政といったサービス産業においても，UDが必須となってきている。多様なユーザーにどのように満足してもらうか，主に情報提示の在り方について述べる。
《キーワード》 サービスのユニバーサルデザイン，情報提示のユニバーサルデザイン

1. サービス産業におけるユニバーサルデザイン

　観光，医療，教育，飲食，小売，金融，行政などのサービス産業においては，建物がアクセシブルなだけでは意味がない。そこにやってきて，適切な情報が提示され，求めるサービスが選択され，有料の場合は購入されて，初めて顧客は満足する。いわば，サービス産業とは，情報提示産業でもある。この章では，さまざまなサービス産業におけるユニバーサルデザインの取り組みと，公共建築や交通サービスなどにおける情報提示の在り方について説明する。

（1）観光施設
　観光施設は，家族みんなで楽しめる場所であってほしい。そのためにも，子供連れで，高齢者と，一緒にかなりの時間を過ごし，共にアトラ

クションや，内容を楽しめる工夫が必要がある。

　さまざまな観光施設では，車いすでのアクセシビリティをはじめ，障害に応じたアトラクションの楽しみ方が工夫されている。例えば，和歌山県のアドベンチャーワールドでは，イルカなどの動物ショーを見る座席が，プールに沿ってずらっと並んでおり，どの位置からでも楽しめるようになっている。また，その座席はすべて，家族で一緒に座れるようになっているので，家族がばらばらになってしまうこともない。

　海外で訪れた観光施設では，ロープウェーで公園内を眺めるアトラクションがあったが，待ち時間の間，ベビーカーや車いすでの乗車の仕方を伝えるビデオがずっと流されていた。それも楽しいものだったので，待っているお客さんが，みな，楽しそうにそれで学んでいる姿が印象的

図4-1　アドベンチャーワールドのイルカショー
（提供：アドベンチャーワールド）

だった。

　また，歴史的建築のユニバーサルデザインも進んできている。京都では，清水寺が，音羽の滝のそばまで車いすでアクセスできるように改修を行った。秋の紅葉で有名な永観堂も，和風で美しいエレベーターを設置し，アクセシビリティを高めている。三重の伊勢神宮でも車いすで参拝できるルートが整備された。寺社仏閣など，日本の歴史的建造物は，これまで UD とは無縁と思われてきたが，檀家や信者の高齢化もあり，畳の広間でも椅子を常備するなど，徐々に UD を推進するところも出てきている。

(2) 飲食店

　日本で，障害のある友人たちと，宴会をしようとすると，まず，お店探しが大変である。バリアフリーであると謳ってあっても，それは店内に段差がないという意味で実際には入り口に15センチの段差があったり，障害者用トイレはなかったりする。雑居ビルの中の店舗では，入店したときはオフィス用のエレベーターが動いていたのに，帰るときには階段しかないということもあるので，注意が必要だ。店舗内もテーブルの間隔が狭く，食事をすることが難しい場合もある。

　しかし，これも高齢化や国際化により，次第に意識が変わってきている。多様な顧客を迎え入れるための努力は，当然だと思われてきたのである。同志社大学や東洋大学など，留学生の多い大学では，学食のメニューやカフェのメニューの中に，ハラルフードがごく普通に存在している。京都の料亭では，マレーシアなど，イスラム圏からの顧客の増大を受け，伝統的な和食をどうすればハラル対応にできるか，勉強会を繰り返している。厨房を分ける，日本酒はもちろんみりんも使わないという制限はあるが，もともと精進料理の基本がしっかりしている京都や奈良

では，不可能なことではないという。

　日本のメニューは，写真と解説，金額が同じところに記入してあるものも多く，聴覚障害者や外国人観光客には，大変分かりやすいと評判である。写真を指差してオーダーができるからである。タブレット端末でオーダーできる回転寿司や，居酒屋のメニューも便利である。店舗の前に置かれたサンプルも，同様に日本的な文化の一つであるが，これもユニバーサルデザインである。

　視覚障害者に対しては，オーダーの際にメニューの読み上げを行うことや，お皿が配置された段階で，時計の針なら何時の位置に何がある，と伝える「クロックポジション」（図4-2）でのサービスが有効である。熱い鍋や鉄板などは，位置を正確に伝える必要がある。また勝手にコップの位置を変えたりしないということも重要だ。松花堂弁当などでは，

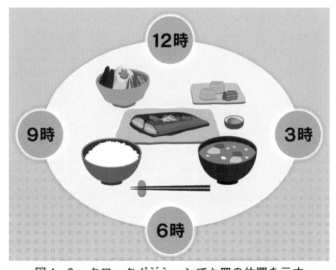

図4-2　クロックポジションでお皿の位置を示す
（提供：NHKエデュケーショナル）

梅の枝や菊の葉っぱなど，単なる飾りで，食べられないものは，伝えた上で取り除くほうがいいこともある。このようなサービスも，すべて，本人の了解の下に行うほうが望ましい。

　盲導犬，聴導犬，介助犬などの補助犬も，2002年の身体障害者補助犬法の施行以降は，受け入れることが義務化されている。訓練された犬であれば，周囲に迷惑がかかることは一切ないので，どうすればいいか，当事者に聞いて，テーブルの下など，他の客が踏んだりしないところに待機させるべきである。

（3）宿泊施設

　高齢化や国際化の影響を，最も明確に受けるのが宿泊業である。これまで，日本のホテルや旅館は，ユニバーサルデザインの実現が難しい場合もあった。高低差のあるところに建てられた温泉旅館などは，部屋からお風呂へ行くまでの階段で息が切れてしまうところさえある。

　しかし，顧客の高齢化や国際化によるニーズの変化に伴い，日本の宿泊施設も次第にUDになってきた。京王プラザホテルは，日本のユニバーサルなホテルの草分けである。建物のアクセシビリティはもちろん，サービスも多様なユーザーのニーズに応えている。1階のバーを改装して段差をなくし，それまでのハイチェアを低いものに替えたカウンターは，車いすユーザーや高齢者にも好評である。ベビーカーも入りやすくなった。補助犬用トイレも充実しており，盲導犬，聴導犬だけでなく，車いすユーザーがアクセスしやすいよう，一段高くなった介助犬用トイレも完備されている（図4-3）。

　嬉野温泉では，温泉街のすべてをユニバーサルデザインで，と見直した結果，メインの温泉宿だけでなく，小さな宿もどんどんUDになっていった。子供にも，高齢者にも，障害のある方にも使いやすい，楽しめ

る温泉街にしようという取り組みが，今ではインバウンドの優良顧客を呼び込むことにつながっている。

　宿泊施設のUDは，じつは死活問題である。企業の大規模な社員旅行などが減ってきたため，大口の旅行需要は，同窓会や還暦や米寿など，「暦日」と呼ばれる家族の会合が中心となってきている。その中には高齢者が含まれ，車いすの方がいる確率も高い。結婚式も同様である。ベビーカーユーザーの友人や，高齢の親族がいる可能性は高い。もしその宿や式場がUDでなかったら，そこでの開催はありえない。冠婚葬祭を含め，今後，UDでない施設が生き残ることはきわめて難しくなるだろう。

(4) 文化施設

　映画館，博物館，美術館などの施設も，UDの対象である。建物や交

図4-3　京王プラザホテル（身体障害者）補助犬用トイレ
（提供：京王プラザホテル）

通アクセスの確保は当然のことであるが，さらには，その内容に関して，できればリアルタイムでの情報提示が求められる。

　映画館では，上映される映画に字幕が付与され，音声解説が付くことが望ましい。このことを「情報保障」と呼ぶ。特に，行政が主催する映画鑑賞会などでは，普段は字幕が付いていない邦画にも情報保障を行うべきである。京都では，京都市や府が主催する映画会では，京都リップルという組織が字幕と音声解説を担当し，情報保障を行っている。東京ではシティライツなどの団体が情報保障を担当している。同様の活動は，能楽，文楽，浄瑠璃など，日本の伝統芸能でも使われることがあり，聴覚障害者のみならず，外国人観光客，また，日本の古い言葉になじみのない若年層にも好評である。場所によっては，眼鏡型ゴーグルを使い，舞台や映像と，字幕を同時に見ることも可能になっている。

　博物館や美術館も，日本語を含む多言語での音声解説が主流になってきた。専用の端末を500円ほどで借り，展示物のところでボタンを押すと，その解説を聴ける。何度でも聞きなおすことができ，周囲に迷惑もかからない。高齢者や視覚障害者，外国人観光客には必要な情報提示である。なお，同じ内容のテキスト版が，同額で聴覚障害者向けにも貸し出されている。国立博物館や美術館では，普通のサービスになっている。

　また，展示物の置き方や，案内板の見せ方にも，UDの視点でスパイラルアップを図っているところが増えてきている。神奈川県立生命の星・地球博物館や，江戸東京博物館，国立民族学博物館などでは，「触れる展示」も多数あり，視覚障害のある方に好評である。

　また，行政などが主催するイベントや講演会などでは，手話通訳やパソコン要約筆記を依頼して，情報保障を図ることが重要である。聴覚障害者のみならず，速い言葉を聞き逃した人や，高齢者にとってもありがたい，ユニバーサルなサービスである。近年では，携帯電話で音声認識

し，講演内容を表示するアプリも出てきている。

(5) 病院

　医療も，サービス業である。特に，病に苦しむ人やケガをした人が訪れる場であるため，建物のアクセシビリティは確保されねばならない。救急病院や大規模の拠点病院は UD が必須であるが，小さな個人病院でも，UD を理解し，コミュニティの中心として，病院をユニバーサルに建て直すところが出てきている。

　明石市にある「ふくやま病院」は，病院というより，明るいコミュニティスペースのようである。庭には患者が自由に取って食べてよい果実が実り，館内には地域の勉強会やミニコンサートが開けるホールがある。さらに，ここには，まちライブラリーがある。地域の人々が，本を持ち寄って，小さな図書館のようになっているのである（図 4-4）。病になってから来るのではなく，健康になって帰る場所，という意味で「病院

図 4-4　ふくやま病院　まちライブラリー

（提供：筆者）

ではなく健院と呼んでほしい」と理事長は語っている。
　ここで特筆すべきは，館内のサイン計画が優れていることだ。遠くからでもよく見えるエレベーターのサイン，廊下からも分かりやすい外に張り出したサインなど，可愛らしく，見つけやすい事例となっている。子供たちが，病院に来ることをこわくなくなるというデザインは，仙台の子供病院などでもあったが，小児科でない個人病院では珍しいことである。全国にこのような病院のUDが広まってほしい。

(6) 図書館
　図書館は，コミュニティセンターと並ぶ，まちの情報の拠点である。ここに行けば，まちに関するさまざまな情報が手に入る。コミュニティの中心としての機能が，図書館には存在する。だからこそ，図書館こそ，UDが必要だ。子どもから学生，社会人からシニアまで，多様な年齢の人が，思い思いに過ごす場所である。
　岐阜市の中央図書館である「みんなの森　ぎふメディアコスモス」は，何時間でもいられる場所である（**図4-5**）。伊東豊雄氏の設計による大きな木のアーチの中に入ると，木の香りと共に，入り口のコーヒーの香りがする。どこかで赤ちゃんが泣いている。でも，全く気にならない。大きな森の中にいるような気がするからだ。いろんな年代の人がいることそのものが，うれしく思えてくる。乳幼児はもちろん，ゼロ歳児もたくさん見かける。お母さんにとって憩いの場になっているということなのだろう。拡大図書のコーナー，対面朗読のコーナーも充実している。
　明石市にオープンした市立図書館も，なかなかUDだ。駅前の分かりやすい立地に，市民サービスエリアと一緒のビルに入っている。最初に気付いたのは，よい香りだ。日によって異なる香りを発生させる装置が設置してあり，「森の香り」などをほのかに感じることができる。ここも，

図4-5　ぎふメディアコスモス（岐阜市立中央図書館）

(提供：筆者)

　子供向けのコーナー，親子のコーナー，視覚障害者コーナーと，さまざまなサービスがある。全国でも珍しい社史の専門コーナーには，日本の多くの産業界の歴史が詰まっているようで，シニアの利用も非常に多いということだった。

　全国の図書館では，いま，激増するシニア層への対応に頭を抱えているところもある。席や新聞の取り合いで険悪な雰囲気になる場合もあるという。だが，関西のある公立図書館では，図書館通勤をしてくるシニアに対するワークショップを行い，各人が得意な分野の講習会を開催してもらうことで，図書館の活性化と，シニアの生きがいづくりの両方を実現している。誰にとっても，このまちに暮らしてよかったと言えるユニバーサルな社会づくりに，図書館が核になっている例である。

（7）小売業

　店舗のUDは，地域の課題である。高齢者やベビーカーが入りにくい店はお客が来ない。高山市では，小さな個人商店の入り口すべてにシンプルな三角形の段差解消機を置いて，古民家を改装した店にも入りやすくしていた。地元のおばあちゃん手作りの品は，車いすでも見やすく並べてあり，ちゃんと買い物ができる。「行きよいまちは住みよいまち」のキャッチフレーズどおりに，観光客にも，地元民にも，ユニバーサルな商店が続いている。なお，高山は観光のUDにも力を入れており，駅前の観光案内所には車いす，ベビーカー，自転車などが貸し出され，市内で乗り捨てが可能な場所もある。パンフレットは7か国語に対応している。店舗のUDは，その一環として進められてきたものである。

2．情報提示のユニバーサルデザイン

（1）空港や駅などの情報提示

　空港や駅など，交通の結節点となる場所は，建物そのもののアクセシビリティも大事だが，それ以上に，その役割を果たすための情報提示が重要である。自分の乗りたい列車は何番線から何時に出るのか？国際線から国内線への乗り換えはどこからどのように行けばいいのか？何分くらい必要か？足の弱い母のために，最も負担の少ないルートは？たくさんの情報が必要である。

　それらの情報提示のために，空港や駅は多くの工夫をこらしている。まずはインフォメーションを充実させている。車いすユーザー向けに少し低くしたカウンターを設置して話しやすくしたり，手話のできるスタッフや多言語が話せるスタッフを常駐させるところも出てきた。タブレット端末を別の場所につないで，手話や多言語などの遠隔サービスを行う空港もある。関係する路線から，またはその路線へ乗り換えるために

は，といった情報をサインや案内板，さらにはデジタルサイネージといった電子掲示板でも情報を流している。

　それにはもちろんUDの視点が重要になる。サインひとつをとっても，統一されたユーザーインターフェースになっているか，字体や太さは読みやすいか，背景とのコントラストは十分か，カラーユニバーサルデザインに配慮した色使いか，白内障の人にも見えやすいか，などの考慮点がある。

　デジタルサイネージも，状況に応じて刻々と内容を変えることができるので，情報提示に活用できる。例えば国際線の到着ロビーでは，国内線への乗り継ぎ客と到着客の動線が混在して迷子になる客が出やすいのだが，乗り継ぎ客がいない場合は分岐点のサインをそのときだけ到着だけにするということなども可能になる。

　現在はデジタルサイネージの情報を自分のスマホに受け取ることが多いが，将来的には，自分のフライトと連動して，周囲のデジタルサイネージの方が，スマホなどの指示で刻々と変化するようになるかもしれない。

　また，どこに多機能トイレがあるか，イスラム教などのお祈りの部屋はどこか，発達障害の方がパニックになったときにカームダウンできる場所は，といった情報は，事前にWebサイトに掲載されていることが必要である。車いすでの最適ルートなどを事前に把握していれば，どこで機内用の車いすに移乗するかといったことも自分で判断できる。移動のアクセシビリティを確保するのは，情報提示のユニバーサルデザインなのである。

(2) 建物内の情報提示

まちの中を歩いて回るときは，Google Map などの地図情報を手がかりに，ビルや店を探せるようになった。屋外での情報の把握は飛躍的に楽になったと言える。だが，屋内ではどうだろうか？空港や駅などの公共空間はもとより，ビル内やデパート，ショッピングモールや地下街などの屋内空間では，行きたい店を見つけたり，トイレを探したりするのに苦労する。視覚障害がある場合はなおさらである。

このような，建物内の情報を，音を使ってユニバーサルに伝達しようとする試みがある。例えば，ヤマハが開発し，240以上の企業・自治体などと協働で推進している SoundUD（Sound Universal Design：音のユニバーサルデザイン）は，駅やショッピングモールなどで流れているアナウンスの内容をユーザーのスマホにテキスト表示させることができるシステムである。テキストは多言語で表示させることもできるため，音声を聞き取ることができない聴覚障害者や高齢者だけでなく，日本語を母国語としない外国人にも情報提示が可能である。

ショッピングモールのフロア案内や，催し物会場の案内，地震や火災などの緊急時に流れる自動放送といった定型的な音声の他にも，迷子のアナウンスなどのアドホックな音声情報も，音声認識技術を用いて一部はテキスト表示させることが可能である。

さらに，施設のバリアフリー関連情報や避難場所といったテキスト以外の情報も，音を使って簡単にユーザーに届けることもできるため，屋内情報提供の新たなインフラとして普及が見込まれる。

また，建物そのものの位置情報を自分のスマホで受け取る仕組みも，清水建設と日本 IBM などが開発している。建物の各所に埋め込まれたビーコンをスマホから Bluetooth で拾い，位置情報を把握することで，視覚障害者などの屋内単独歩行を可能とするものである。あと何メート

図 4-6　ヤマハ SoundUD
（出典：ヤマハ Web サイト）

ルでエレベーターです，とか，階段は20段で，踊り場の広さは約1メートル四方です，といった情報も，手元のスマホで受け取り，イヤホンで聞きながらの移動が可能となる。今後はこのようなシステムが一般化していき，屋内でも外と同じように，提示された情報をリアルタイムで受け取りながら歩行することが一般的になるだろう。

(3) 防災に関する情報提示

　何度も大震災を経験し，常に災害の危険のある日本では，防災に関しても多様な情報提示のニーズがある。特に，災害弱者と言われる高齢者や障害者，子どもたちの命を守るためにも，防災のプログラムとその情報提示には，UDの視点が求められる。

　京都府では，避難所のユニバーサルデザインに関するガイドラインを発行している。子どもから高齢者，障害者や外国人，乳幼児連れの方，補助犬ユーザーなど，さまざまな人が一つ屋根の下で暮らす場合の相互理解を進めている。障害のある子どもに対する配慮，むずかる赤ちゃんへの声かけなど，困難な環境下で，助け合って生きていくための知恵が詰まっている。聴覚障害者や耳の遠い高齢者が配給に気付かないことが

ないように，声だけでなく，紙に書いても知らせて回るなどの配慮もある。避難所では，誰もが一時的な障害者である。眼鏡をなくしていたり，補聴器の電池が切れていたり，手足にケガをしているかもしれない。大事な人や家を失い，精神的に不安定になっていたり，常備薬が切れて不安が募っていることもあるだろう。さまざまなサービスに，UD の視点が重要になるのである。

また，平時からの備えとして，防災訓練などもユニバーサルデザインで進める必要がある。東京消防庁では，防災館の体験プログラムを，多言語化する計画を進めている。東京に暮らす外国人は，震災や津波などの経験を母国ではしていないこともある。パニックにならないためにも，事前の訓練設備が多言語や「やさしい日本語」に対応し，できるだけユニバーサルであることは重要である。今後は，このような体験型の教育訓練やイベントも，ユニバーサルにデザインされることになるだろう。

図 4-7　京都府　避難所のユニバーサルデザイン

（出典：京都府 Web サイト）

参考文献・サイト

1. アドベンチャーワールド
   http://www.aws-s.com/facility/#marine-world
2. ヤマハ SoundUD プロジェクト
   https://member1.jp.yamaha.com/files/user/201711211754_1.jpg
3. 京都府　避難所のユニバーサルデザイン
   http://www.pref.kyoto.jp/fukushi-hinan/
4. E&C プロジェクト編（1999）『バリアフリーの店と接客』日本経済新聞社
5. 井上滋樹（2004）『ユニバーサルサービス』岩波書店
6. 秋山哲男，他（2010）『観光のユニバーサルデザイン』学芸出版社

5 | ユニバーサルデザインに関する条約・法律・標準

榊原直樹

《目標＆ポイント》 ユニバーサルデザインを社会的に普及させるために，条約や法律，工業標準などが制定されている。本章ではこれらの世界的な潮流を踏まえた上で，米国のリハビリテーション法508条を例に，日本で情報のユニバーサルデザインを普及させる法制度について議論し，制度の仕組みを理解する。
《キーワード》 国際障害者権利条約，障害者差別解消法，米国リハビリテーション法508条

1. はじめに

　誰もが情報にアクセスして利用できるようにするためには技術開発だけではなく，条約や法律を策定し障害者の権利を保証することや，機器の標準化による経済性の向上などが求められる。本章では，ユニバーサルデザインに関する条約・法律・標準について解説し，ケーススタディとして，日米の政策的な動向を比較し，今後の日本にどのような政策が必要かについて議論する。

（1）法律
　米国のリハビリテーション法508条（以下，リハ法508条）は，連邦政府がIT機器を調達する際に，障害者が利用できるようにアクセシビリ

ティに配慮した製品を選んで調達することを義務付けた法律である。この法律の影響で米国市場を対象とする IT 企業は，自社製品の障害者対応を進め，業界全体でアクセシビリティが大きく向上した。この法律の制定は各国にも大きな影響を与えている。

EU では2005年にリハ法508条と同様に，政府調達に関するアクセシビリティの義務化に関する欧州指令，EU Mandate 376を出した。その後2016年に欧州規格 EN 301 549として技術基準が作成されている。技術基準が提示されるまでに時間がかかったが，これはリハ法508条の技術基準の更改が予定されていたためである。異なる技術基準が提示されると，機器を提供するメーカーが混乱するため，国際協調の立場から延期されていたのである。なお，リハ法508条の技術基準は2017年に更改された。

日本では2004年に JIS 規格「高齢者・障害者等配慮設計指針―情報機器における機器，ソフトウェア及びサービス」が発行された。コンピュータや Web サイトを作成する際に，高齢者や障害者の利用に対する配慮点をまとめた指針である。2016年に障害者差別解消法が施行され，障害者に対する直接・間接的な差別の禁止と，合理的配慮の提供が義務化（民間は努力義務）されたが，情報分野においては明確な義務規定は定められていない。

米国をはじめ先進国のほとんどが情報アクセシビリティに対して，何らかの義務を伴う法律を持っているのに対し，日本では遵守義務のないガイドラインがあるだけであり，この分野での対応の遅れが目立っている。

（2）法律によるアクセシビリティの義務規定

米国をはじめとする諸外国では，障害者の権利が法律で定められてお

り，その権利に基づいたアクセシビリティの基準が作られている。これに対して日本では2016年になって，ようやく障害者差別解消法が施行されたばかりであり，義務を伴う情報アクセシビリティに関する法律は2017年時点ではまだ制定されていない。

　障害者の権利に関する条約は2006年に国連で採択され，日本では2007年に署名をしている。その後，国内法の整備を進め，2013年に条約に批准した。

　障害者差別解消法は，障害者の権利に関する条約に批准するために制定されたものである。条約の第9条第2項では，情報・通信やその他のサービスに関するアクセシビリティの保障が次のように掲げられている。

表5-1　障害者の権利に関する条約
Convention on the Rights of Persons with Disabilities

第九条　施設及びサービス等の利用の容易さ
締約国は，障害者が自立して生活し，及び生活のあらゆる側面に完全に参加することを可能にすることを目的として，障害者が，他の者との平等を基礎として，都市及び農村の双方において，物理的環境，輸送機関，情報通信（情報通信機器及び情報通信システムを含む。）並びに公衆に開放され，又は提供される他の施設及びサービスを利用する機会を有することを確保するための適当な措置をとる。この措置は，施設及びサービス等の利用の容易さに対する妨げ及び障壁を特定し，及び撤廃することを含むものとし，特に次の事項について適用する。
（a）　建物，道路，輸送機関その他の屋内及び屋外の施設（学校，住居，医療施設及び職場を含む。）
（b）　情報，通信その他のサービス（電子サービス及び緊急事態に係るサービスを含む。）

（出典：障害者の権利に関する条約：外務省訳）

国際条約は国内法よりも優先されるため，第9条に関しても，今後，具体的な対応を明文化していくことが求められている。その時には米国のリハ法508条が大いに参考になるだろう。

(3) 法律の必要性

障害のある人や高齢者にとって IT は現在では日常生活を過ごす上で必要不可欠なものになりつつある。一方でそれらの機器やサービスに対するアクセシビリティが不十分で，活用できない場面もある。

障害や加齢の影響があったとしても誰でも情報にアクセスする権利があり，機器やサービスのアクセシビリティを高める必要があるが，それを保障する法律が日本にはまだない。

米国や EU は，法律などによる規制によって情報アクセシビリティの向上に一定の効果をだしている。これに対し日本では，情報アクセシビリティの取り組みは個別の取り組みに依存しており，全体的な底上げができていない。日本国内の情報アクセシビリティをこれまで以上に向上させるためには，国の政策として情報アクセシビリティを推進する仕組みが必要である。

2. 障害に関する法律

日本には障害のある人を支援するためのさまざまな法律がある。ここでは国内の障害に関する主な法律のうち，情報アクセシビリティに関係するものについて取り上げて解説する。

(1) 障害者基本法

障害者基本法は障害者の自立および社会参加の支援などのための施策に関し，基本的理念を定めたものである。1970年に成立した後，何度か

表5-2　障害者基本法：第22条

情報の利用におけるバリアフリー化等　―第二二条―
　国及び地方公共団体は，障害者が円滑に情報を取得し及び利用し，その意思を表示し，並びに他人との意思疎通を図ることができるようにするため，障害者が利用しやすい電子計算機及びその関連装置その他情報通信機器の普及，電気通信及び放送の役務の利用に関する障害者の利便の増進，障害者に対して情報を提供する施設の整備，障害者の意思疎通を仲介する者の養成及び派遣等が図られるよう必要な施策を講じなければならない。
2　国及び地方公共団体は，災害その他非常の事態の場合に障害者に対しその安全を確保するため必要な情報が迅速かつ的確に伝えられるよう必要な施策を講ずるものとするほか，行政の情報化及び公共分野における情報通信技術の活用の推進に当たっては，障害者の利用の便宜が図られるよう特に配慮しなければならない。
3　電気通信及び放送その他の情報の提供に係る役務の提供並びに電子計算機及びその関連装置その他情報通信機器の製造等を行う事業者は，当該役務の提供又は当該機器の製造等に当たっては，障害者の利用の便宜を図るよう努めなければならない。

（出典：障害者基本法）

の改正が行われたが，2004年の改正の際に，情報の利用に関する条項が加えられた。

　基本法とは，国の制度・政策に関する理念，基本方針が示されているとともに，その方針に沿った措置を講ずべきことを定めている法律であるため，実質的な効力を持たない。そのため障害者基本法では，障害者の自立および社会参加の支援などのための施策の総合的かつ計画的な推進を図るため，障害者基本計画を策定することが定められている。障害者基本計画には「基本的な考え方」の一つに「アクセシビリティの向上」が挙げられている。

(2) 障害者差別解消法

　2016年4月1日より，「障害を理由とする差別の解消の推進に関する法律（以下，障害者差別解消法）」が施行された。この法律は，障害による差別を解消し，誰もが分け隔てなく共生する社会を実現することを目的として制定されている。

　障害者差別解消法に書かれている「差別」には，2つの意味が含まれている。1つ目は「不当な差別的取扱い」という意味での「差別」，2つ目は，合理的配慮が行われていないという意味，すなわち「合理的配慮の不提供」という「差別」である。

　「不当な差別的取扱い」とは，役所（国・都道府県・市区町村）や企業が，障害者に対して正当な理由がないにもかかわらず差別をすることである。障害を理由としてサービスの提供を拒否したり，障害のない人とは違う扱いをしたりすることが，この「不当な差別的取り扱い」の中に含まれる。

　2つ目は，合理的配慮を行わない，という差別である。「合理的配慮」とは，一人ひとりの特徴や場面に応じて発生する障害・困難さを取り除くために行う，個別の調整や変更のことを指す（図5-1）。障害のある人が障害を理由として差別されることがなく，障害のない人と同じように社会生活を送れることを目的としている。

(3) 工業標準化法

　工業標準化法は，情報アクセシビリティに直接関係した法律ではないが，前述した米国のリハ法508条との比較のために説明する。

　工業標準化法は工業製品の規格を合理的に共通化し，産業の振興に資する目的で作られた法律である。ネジなどの工業製品にとどまらず，現在では情報分野の工業標準も多く作られている。

第5章　ユニバーサルデザインに関する条約・法律・標準

- **聴覚障害者**
  - 電話でインターネットの契約を解約しようとしたが、手話通訳者だと本人意思の確認ができないため解約できないと断られた
  - アメリカでは通信会社に対して電話リレーサービスの提供を義務付けている

図5-1　合理的配慮の例

(出典：筆者作成)

表5-3　工業標準化法：第67条

（日本工業規格の尊重）
第67条　国及び地方公共団体は，鉱工業に関する技術上の基準を定めるとき，その買い入れる鉱工業品に関する仕様を定めるときその他その事務を処理するに当たって第2条各号に掲げる事項に関し一定の基準を定めるときは，日本工業規格を尊重してこれをしなければならない。

(出典：工業標準化法)

・JIS規格

　工業標準化法によって定められている規格で，法的拘束力を持たないが，自治体は調達・購入の際にJIS規格を配慮しなければならない。

　情報アクセシビリティに関する分野で代表的なJIS規格には「JIS X 8341シリーズ」がある。Xは情報分野を意味し，8341は規格番号で「や

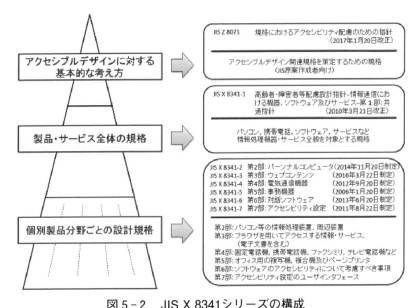

図5-2 JIS X 8341シリーズの構成
（出典：JIS X 8341-4：2018）

さしい」の語呂合わせになっている。

X 8341シリーズは図5-2のように3層構造になっており，全体をまとめる共通指針から，個別具体的な製品を作るときの設計指針に分かれている。一番上の階層には，アクセシブルデザインに対する基本的な考え方として，JIS Z 8071がある。これはJIS規格を作る際に参照する規格であり，規格のための規格（Guide for Guide）とも言われている。JIS規格を作成する際には，X 8341シリーズにかかわらず，Z 8071にあるアクセシビリティの考えを基本としなければならない。

次に，機器やソフトウェアおよびサービスに関する全体に共通する内容をまとめたのがJIS X 8341-1である。共通指針と呼ばれており，この下に個別の製品分野ごとの設計企画が作られている。設計企画は2018

年現在，2〜7までの6つが作られている。

3. 米国のアクセシビリティ政策

障害を持つ人の権利を広げる重要な法律が，各国で制定されるようになった。ここではその先駆けとなった米国の例を取り上げる。米国はアクセシビリティに関して，次のような法律を持っている。

（1）情報アクセシビリティに関する米国の法律

米国の障害者に関する法律は，1973年に成立した政府による障害者差別を禁止したリハビリテーション法の制定から始まる。しかし転換点となったのは1990年に制定された「障害を持つアメリカ人法」だろう。

・障害を持つアメリカ人法（ADA）

障害を持つアメリカ人法（Americans with Disabilities Act：通称ADA）は，1990年に成立した。これは障害を持つ人の公民権を保障した法律であり，障害者の差別を禁止した。その対象は広く，雇用・交通・建築・通信などのさまざまな分野で障害者の権利を保障している。これらの設備やサービスなどが利用できないときには訴訟を起こすことができる。

情報アクセシビリティに関しては，電話を利用できない聴覚障害者などのためにTDD（Telecommunications Device for the Deaf）や電話リレーサービスを提供することを求めている。TDDは電話に取り付けるタイプライターのような装置で，キーをタイプすることで話す代わりに文字で会話できる。相手側がこの装置を持っていない場合，間に通訳者が入って文字を読み上げてくれる電話リレーサービスを提供する。

また，テレビ放送に対して字幕を提供することを義務付けている。同

時期に成立したTVデコーダーチップ法は，米国内で製造，もしくは使用するために輸入された13インチ以上の画面サイズのTVすべてに，字幕を受信するためのデコーダーを組み込むことを義務付けている。すべてのTVに字幕再生装置を組み込むことにより，大量生産の効果が働き追加の費用負担は非常に低額である。

・電気通信法255条

1996年に改定された電気通信法（Telecommunications Act of 1996）には，電気通信設備およびソフトウェアのメーカーは，「容易に達成可能」である場合，そのような設備を障害者にとって直接利用可能にすることを定めた第255条が追加された。電話やFaxなどが対象だったが，2017年に改定され，スマートフォンなども対象になった。

・リハビリテーション法508条

1973年に制定されたリハビリテーション法が1986年に改正された際に新たに追加されたのが第508条である。

米国連邦政府が購入するIT機器（ハードウェア，ソフトウェア，Web，OA機器，電話など）は，障害者に使えるものでなければならないという規則で，1998年の改正により2001年6月21日以降は，障害者にアクセシブルな機器を調達する義務が生じ，違反した場合には機器やサービスを利用する者からの提訴が可能となったため，それまでよりはるかに大きな影響を持つようになった。

この法律は障害を持つ連邦政府職員や，サービスを受ける市民に適用される。違反した場合，職員や市民は調達部門に対して不服を訴える権利がある。

訴えられるのは連邦政府の調達部門であるので，メーカーは障害者が

利用できない製品を販売しても問題ない．しかし，連邦政府は世界最大のIT機器の購入者でもある．そのためIT産業は政府に購入してもらうために，この法律を無視することはできず，各社はアクセシブルでより多くの人に使いやすい機器が，自社の競争力を高めるという認識の下に研究開発を進めてきている．日本国内の企業であっても，米国に製品を輸出していれば，その影響を受けるため各社で対応が行われている．

・21世紀における通信と映像アクセシビリティに関する2010年法（Twenty-First Century Communications and Video Accessibility Act of 2010 S. 3304）
　インターネットやスマートフォンなど，新しい技術に対応したアクセシビリティを定めた法律で，通信へのアクセスとビデオ番組について義務を定めた．地上波で放送されていたテレビ番組をインターネットで配信するときには，インターネットでも字幕を表示することなどを義務付けている．

（2）ケーススタディ：リハビリテーション法508条

　ここでは製造業に大きな影響を与えたリハビリテーション法508条について詳細に分析し，運用の仕組みについて検討する．

　次の図はハビリテーション法508条の運用の仕組みをまとめたものである．

　図中の項目について，以下に説明する．

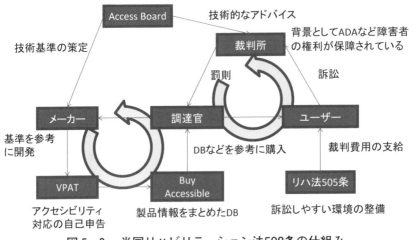

図5-3 米国リハビリテーション法508条の仕組み
（出典：筆者作成）

▶調達官

リハビリテーション法508条では，調達部署がその責任を負うことになっており，特定の調達官に罰則が及ぶことはない。ただし，購入の際に担当者を設けることが望ましいとされている。（リハ法の Web サイトより）

調達官は機器やサービスを導入する際に，市場から最もアクセシビリティの高いものを選択する義務がある。

▶裁判所

ユーザー（連邦政府職員やサービスを受ける市民など）からアクセシビリティ上の問題を指摘された場合，その指摘が正当なものかどうか，裁判を実施して判断する。ユーザーからの訴えが正当であると認められた場合には，裁判所は調達をした組織に対して差し戻しの命令を出す。調達官への個別の罰則はない。

▶リハビリテーション法505条

　裁判でユーザーからの訴えが正当であると認められた場合，その費用はリハビリテーション法505条に基づいて，全額を国が負担する。訴えが退けられた場合には，訴えた個人が負担することになる。

▶ Access Board

　Access Board は米大統領が選任するアクセシビリティの専門家の集団で，省庁を横断した組織である。技術基準を定めるほか，裁判の際に技術的なアドバイスを提供する。

▶技術基準

　技術基準は Access Board が定める。現在の基準は2017年に新たに改定された。

　技術基準は現時点での技術の進歩に合わせて規定されており，どの程度の技術レベルのアクセシビリティを満足すればよいかを示している。具体的な数値基準は示されていない。裁判の際には，この基準に照らし合わせて，訴えが現在の技術レベルと比べて合理的配慮（Reasonable accommodation）になっていないかを判断することになる。

▶ VPAT

　Voluntary Product Accessibility Template の略で，メーカーはこのテンプレートに合わせて製品やサービスのアクセシビリティ対応状況を自己申告することができる。

　テンプレートはリハビリテーション法508条の技術基準の項目の一覧で，それぞれの項目に対し対応レベルと特記事項・補足を書き込むことができる。Web や事務機械などの製品種別に用意されている。

　VPAT を提示する義務はないが，調達担当者はこれを見比べて製品を選定するので提示しておいた方が有利になる。

▶ **Buy Accessible**

政府が運用する Web データベースである。メーカーがアクセシビリティに配慮した製品を VPAT と共に登録してある。調達者はこのデータベースから条件に該当する製品を検索し，購入の参考にすることができる。

(1) 調達官・ユーザー・裁判所の関係

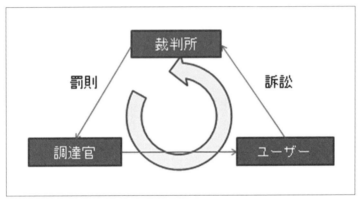

図 5-4　調達官・ユーザー・裁判所の関係

(出典：筆者作成)

ユーザーは機器や Web にアクセシビリティ上の問題を発見したときに，裁判所に対して，調達部署を対象に訴訟を起こすことができる。これは背景に ADA のような障害者の権利を保障する法律があるからである。

また訴訟を起こしたユーザーに対して，勝訴した場合に限り裁判の費用を負担する法律がある。これによりユーザーは訴訟を起こしやすくなると同時に，敗訴したときには費用が発生するので，無駄な訴訟を抑制することができる。

裁判所はユーザーからの訴えを基に，機器やWebに問題があれば調達組織に対して差し戻し命令を出す。この際に裁判所はAccess Boardから訴えがReasonable accommodationかどうかアドバイスを受けられる。調達組織は差し戻し命令を受けたくはないので，調達前にアクセシビリティの高い製品を選ぶ努力をするようになる。

(2) 調達官・メーカー・VPAT・Buy Accessibleの関係

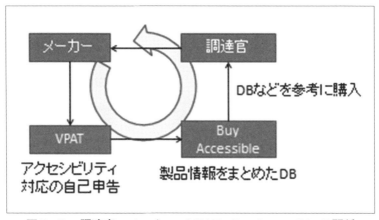

図5-5　調達者・メーカー・VPAT・Buy Accessibleの関係
（出典：筆者作成）

　調達官は訴訟のリスクを下げるために，よりアクセシビリティの高い製品を求めるようになる。米国の政府調達の規模は非常に大きく，多くのメーカーにとって魅力的な市場なので，メーカーは政府に購入してもらうためにアクセシビリティの高い製品を開発する。ただし対応しなくてもメーカーには調達に選ばれないというデメリット以外のペナルティはない。

　メーカーがアクセシビリティを実装する際に参照する技術基準は，あ

くまで目安であり，市場にある最もアクセシビリティの高い製品を選ぶという調達条件で優位に立つには，常にアクセシビリティ向上の努力しなければならない。

アクセシビリティの高い製品を政府に調達してもらうために，メーカーは自社製品のアクセシビリティ対応状況を VPAT に記述して公開する。また，政府が作成した Buy Accessible に登録することで，政府職員の目にとまりやすくなり，PR 効果が高くなる。政府の調達担当者は条件にあった製品を素早く探すことができるメリットがある。

(3) リハビリテーション法508条の特徴

リハビリテーション法508条には，次のような特徴がある。

・当事者によるモニタリング機能

アクセシビリティ機能に対する規制を設けると，それを満足しているか確認するために政府が監視（認証や抜き打ちテストなど）しなければならなくなるのでコストがかかる。これを訴訟というユーザーからの申告と裁判所による判断によって代替させている。

・競争原理の活用

アクセシビリティが向上すると利益につながる仕組みを作ることにより，各企業が自主的に競争する。

(3) まとめ

米国の情報アクセシビリティ政策を見ると，合理性や経済性に基づく施策であると感じる。

実際，米国では「障害を持つアメリカ人法（ADA）」を採択する際に経済的効率性が注目された。これは ADA が黒人や女性を対象にした公民権法と違い，差別をなくすために施設の改修などを企業などに義務付

けているため，改修のコストが発生するからである。店舗などの改修は企業規模に応じて実施し，適切であるかどうかは裁判所が判断することになった。また，設備改修の30％は100ドルから500ドルで対応できることが調査の結果分かったため，あまり多くの反対は起きなかったという。

　費用負担は商店などの事業者だけではなく，政府にも発生する。レックス・フリーデン⁽¹⁾がADA草稿作成の際に社会保障費の変化を試算した結果を次に示す（表5-4）。

　情報アクセシビリティは産業とも強く関連する分野であるので，これを進めるためには，さまざまな関係者の利益を考えた仕組みを構築することが重要である。

4．日本で情報アクセシビリティを進めるために

　米国を中心に世界では情報アクセシビリティの法整備が進んでいる。これに対して日本では，2016年にようやく障害者差別解消法が制定され，

表5-4　ADA草稿作成の際に試算した社会保障費の変化

□障害者福祉手当（600億ドル／年） 　・働く意思があっても働けない人が870万人。その人たちが働いて自立すれば，政府支出を120億ドル減らすことが可能
□障害者の就労に必要なスロープなどの整備と福祉機器などの提供などの社会支出（年間2,000億ドル）
□障害者が働くことによって得られる生産力：社会的利益（年間1,300億ドル） 　・年間700億ドルが不足 　・しかし社会投資はストックされるので，数年で逆転が可能である

（出典：NHKスペシャル（2000.12.10）「ハイテクが支える私の人生～アメリカ・障害者政策の大転換」）

（1）インターネットとTCP/IPプロトコルの創生に重要な役割を担ったアメリカ合衆国の計算機科学者。

これから情報アクセシビリティを推進していこうという段階である。先進事例を基に日本で情報アクセシビリティを進めるためには，どうすればよいか検討し，まとめとする。

(1) 法整備

政府調達にアクセシビリティ遵守を義務付けた米国リハ法508条は，情報関連産業に大きな影響を与えた。また，EU がこれに同調し世界的な動きになっている。少なくとも日本でも同様の法律を持つべきだと考える。

ただしリハ法508条は関連するさまざまな仕組みによって，その効力を保っている。日本版のリハ法508条を作ると同時に，関連するさまざまな制度を整備しなければならない。

(2) 当事者の声

リハ法508条の，訴訟という手段で当事者の声を集める手法は，日本にはなじまないと考える。代わりとなる方法で当事者の声を集めて，政府や企業を動かす仕組みが必要だろう。

また，制度の整備と同時に，当事者側にも情報アクセシビリティに関する不備を合理的に説明することが求められる。こうした意識を醸成していくことも，制度を運用していくために必要だろう。

(3) まとめ

情報アクセシビリティを普及させるための条約・法律・標準について紹介し，ケーススタディとして米国の制度の中で特にアクセシビリティ推進に効果のあったリハビリテーション法508条を紹介した。

日本では情報アクセシビリティを推進するために必要な法制度の整備

が，世界の動向に比べて遅れている。情報社会を豊かにしていくためには技術開発だけでなく，法律や標準などを活用し，アクセシビリティが普及していくことを期待する。

参考文献・サイト

1．八代英太・冨安芳和（編）（1991）『ADA（障害をもつアメリカ人法）の衝撃』学苑社
2．ジョセフ・P. シャピロ（1999），秋山愛子（翻訳）『哀れみはいらない―全米障害者運動の軌跡』現代書館
3．NHK スペシャル（2000.12.10）「ハイテクが支える私の人生～アメリカ・障害者政策の大転換」

6 | 人々の多様性①（障害者・LGBT）

近藤武夫

《目標&ポイント》 アクセシビリティやユニバーサルデザインを理解するためには，少数派と呼ばれる人々が具体的にどのような困難に直面しているのかを知る必要がある。ここでは，多様な障害と LGBT を例に取り，そこにある困難の一般例を解説する。
《キーワード》 障害者，LGBT，障害学，ダイバーシティ

1. はじめに

「多様性（Diversity ダイバーシティ）」とは何だろうか。何をもって「多様」とするかは，時代によって，どのような人々が「多数派（majority マジョリティ）」とされ，それ以外のどのような人々が「少数派（minority マイノリティ）」とされるかは異なる。近年では，多様性を捉える際の属性として，女性，障害者，性的少数派（LGBT, Lesbian, Gay, Bisexual, Transgender），文化，宗教，民族，風習の違いなどが挙げられると言ってよいだろう。本章ではその中でも特に，障害者を主として，LGBT についても取り上げ，それぞれの視点から見た社会参加における障壁について論じる。

2. 障害者

（1）社会の在り方から生まれる障害者の困難

障害のある人では，障害のない人々と比べて，さまざまな困難さを日

常のさまざまな場面で感じることが多い。例えば，車いすを使っている人や視覚障害のある人の生活場面を考えてみよう。道路を移動するとき，駅などの公共交通機関を使うとき，学校に通いたいと思うとき，役所で用事を済ませたいとき，街角のショッピングセンターで買い物をしたいと思うときなど，それぞれの場面で思うように行動できないことがある。

　障害のある人々が，そうした場面で大きな困難を感じていること自体は紛れもない事実であり，だからこそ，そうした困難を生じる状況が「障害」と呼ばれてきた。また，こうした「障害」の捉え方においては，「障害は乗り越えるべきもの」「なくすべきもの」という考え方がかつては主流であった。障害のある人は，その人の困難の原因である機能不全，疾患を乗り越えるべく，治療したり，新しい能力を獲得したりと，本人が多大な努力をしなくてはならないという考え方が多数派を占めていた。

　こうした考え方は，確かに現在でも一般に存在しているものではある。しかし，現在の障害に関わるアドボケイト（障害者の立場に立って権利を守る活動を行っている人々）の間では，もう一つ別の考え方が主流を占めている。それは「障害があること」を「人間であれば，誰もがなり得る自然な状態の一つ」であるとする考え方である（Burgstahler, 2013）。そもそも，障害がある人もない人も，社会を構成するメンバーであることに違いはない。したがって，教育を受けたり，働いたり，生活を楽しんだりといった社会参加の機会は，平等に得られて当然であると考えられるようになったのである。

　また実際のところ，障害は誰にでも起こり得ることである。生まれついての障害以外にも，高齢や事故などを原因として，ほとんどの人々は，人生のいずれかの時点で，障害を自らのものとする。さらに，家族や友

人,同僚について考えてみよう。すると誰もが必ず,障害を自らの問題として考えなければならない機会に出会うだろう。ひとたび障害を得ると,その後は社会参加の機会を得られなくなったり,治療や訓練によって疾患が治ってからしか社会に出られなくなるとしたら？それは誰にとっても生きにくい社会になってしまう。だとすれば,障害のある人々が社会に存在することを当然のことと考え,社会環境を障害のある人々の社会参加を妨げてしまうことのないように配慮しておけば,社会を構成するメンバー全員の利益となる。

　以上のように考えれば,障害とは「(疾患や機能不全に伴って)個人の中に存在するもの」ではなく,「社会環境が障害のある人の参加を考慮して作られていないときに生まれるもの」と考えることができる。後者のこのような考え方は「障害の社会モデル」と呼ばれ,前者である「障害の個人モデル(医療モデル)」を問い直す考え方となっている。1970年代以降の障害者運動によって提唱された障害の定義は,医療モデルではなく社会モデルに基づくものとなった。例えば,「障害」とは「身体的なインペアメントを持つ人のことを全くまたはほとんど考慮せず,したがって社会活動の主流から彼らを排除している今日の社会的編成によって生み出された不利益または活動制約(Union of the Physically Impaired Against Segregation：UPIAS,反隔離身体障害者同盟,1976：星加,2007の訳による)」や「物理的・社会的障壁によってもたらされた,他者と等しいレベルで共同体の正常な生活に参加する機会の喪失や制約(Disabled People's International：DPI,障害者インターナショナル,1982：星加,2007の訳による)」とされている。これら2つの定義では,個人の中ではなく,社会の中に障害があることが明確に主張されている。

　1980年代に英国で行われた国勢調査局(Office of Population

Censuses and Surveys：OPCS）による調査項目を，社会モデルの観点から読み換えた英国の障害学者オリバー（2006）による対比は興味深い。以下にその一部を引用する。

質問1
OPCS：「あなたの具合の悪いところはどこですか？」
オリバー：「社会の具合の悪いところはどこですか？」

質問2
OPCS：「どんな病状によって，物を持ったり，握ったり，ひねったりすることが難しくなりますか？」
オリバー：「瓶，やかん，缶のような日用品のいかなる欠陥によって，持ったり，握ったり，ひねったりすることが難しくなりますか？」

質問3
OPCS：「主に聴覚に問題があるために，人々が言うことを理解することが難しいですか？」
オリバー：「人々があなたとコミュニケーションをとることができないために，人々が言うことを理解できないですか？」

質問4
OPCS：「あなたには日常生活を制約するような傷跡，欠点，欠陥がありますか？」
オリバー：「あらゆる傷跡，欠点，欠陥に対する人々の反応が，あなたの日常生活を制約しますか？」

質問 5
OPCS:「長期間にわたる健康上の問題あるいは障害のために特殊学校に通っていますか?」
オリバー:「健康上の問題や障害のある人は特殊学校に通う方がいいという,地方教育局の方針があるために,あなたは特殊学校に通っていますか?」
(引用ここまで)

　WHO(世界保健機関 World Health Organization)の定義も,障害を社会モデルとして捉えようとする動きの影響を受けている。かつて,1980年に示された国際障害分類(International Classification of Impairments, Disabilities and Handicaps:ICIDH)では,疾患などにより「機能・形態障害(impairment:心理・生理・解剖学的な構造または機能の喪失や異常)」が生じ,それが「能力障害(disability:能力の制約や欠如)」につながり,そして「社会的な不利益(handicap:社会的な役割の遂行を制約する不利益)」を生むという障害モデルが定義されていた。しかし,この定義には,社会的な不利益の原因が,個人の疾患に直結するものとされており,社会の在り方や個々人の状況を考慮していないという批判があった。そこで2001年には,医療モデルと社会モデルの融合を目指した国際生活機能分類(International Classification of Functioning, Disability and Health:ICF)という新しい障害モデルが定義された。ICFでは,個々人の状況や環境の影響という因子を加えることで,社会の在り方による影響の取り込みが試みられた(図6-1)。
　障害を社会モデルとして捉えようとする動きは,2006年に国連で採択された障害者権利条約(Convention on the Rights of Persons with Disabilities)にでも受け継がれている。権利条約の成立により,障害の

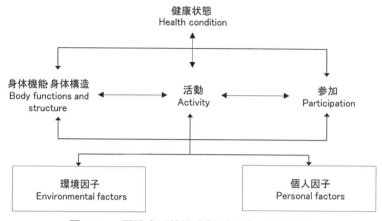

図6-1　国際生活機能分類（ICF）の概念図
（出典：筆者作成）

社会モデルという考え方は，近年では広く国際社会において常識として認知されるようになった。社会モデルは，ロナルド・メイスにより1985年に提唱された「ユニバーサルデザイン」，すなわち「調整または特別な設計を必要とすることなく，最大限可能な範囲ですべての人が使用することのできる製品，環境，計画及びサービスの設計」を，社会設計の前提としようという考え方ともよく合致し，障害のある人々もない人も共に参加できる社会を目指す上で，重要かつ基本的な考え方の一つとなっている。

（2）情報アクセスの困難が生む社会的な不利益とは

私たちはさまざまな情報に支えられて日々の生活を営んでいる。朝のニュースで知るその日の天気，バス停や駅での交通機関の運行情報，車内のアナウンス，目的地へ行き着くまでの道順・様子，学校や職場での本や雑誌，文書から得られる情報，同級生や同僚，教師や上司と交わす

何気ない言葉や連絡事項，かかってきた電話でのやりとり，電子メールで送られてきた連絡，郵便物の内容などなど，一部を挙げただけでも，私たちが毎日の生活の中で，いかに大量の情報に触れているかが分かる。また，それらの情報は，働くことや学ぶことをはじめ，現代の社会生活を送るために不可欠なものとなっている。日々の暮らしを便利に過ごすために必要なものというよりも，そもそも知っておいて当然のもの，生活するために不可欠ものである。しかしながら，障害のある人々にはそれらの情報に触れることが難しい場合がある。

　情報とは「足で動いて探し，目で見て，耳で聞き，手で操作を加え，意味内容を高い知性とリテラシーにより読み取って理解することができる人だけが得られるものに与えられるべきもの」なのだろうか？これらの能力のいずれか（または複数）に障害のある人々は，情報が得られなくて当然なのだろうか？前述の社会モデルや，誰もが参加できる社会のユニバーサルデザインという考え方に立つと，社会設計の不備が，障害のある人々が情報を得ることを困難にしているという視点が生まれる。そこで以下の節では，まず，さまざまな障害のある人で起こりうる情報アクセスの困難さについて，社会モデルの視点に立った上で，例を挙げながら理解を深めることを目的とする。

（3）情報アクセスの困難事例
(1) 見えない，見づらい
　人類が最初に文字を発明したときから現代に至るまで，書かれた文字を読み，知識や情報を得ることは，人が情報にアクセスする上で重要な位置を占めてきた。当初は壁画や石版，木簡へ，紙が発明されてからは紙へと，主に流通や保存上の理由から，文字は「何らかの媒体の上に書き付けられたもの」という形をとってきた。15世紀にドイツのヨハネ

ス・グーテンベルクにより活版印刷の技術が発明されてからは，多くの情報が印刷物として記録され，複製され，広く流通するようになった。また近年になって印刷物の制作過程はコンピュータ化され，紙への印刷はさらに広く行われるようになった。

　文字を持たない民族文化や，宗教的な理由など特別な理由により，口伝で物語などの情報が残されることはあった。しかし，特に近代における情報の保存と伝達の歴史では，「印刷物」が中心となってきた。ところが，印刷された文字は，障害者が利用する上では，決定的な問題点がある。それは，印刷物は目で見なければそこに記録された文字情報にアクセスできない点と，さらに，個々人のニーズに合わせて文字の大きさなどの見た目を柔軟に変えられない点である。

　まず，視覚に障害がある人は，通常の印刷物からは情報を得ることが難しい。全盲であれば印刷された文字を見ることができず，視力が極端に低い人であれば一般的なサイズの文字では見ることができず，視野に欠損がある人であれば書かれた文字を目で追って読み進めることが難しい。また色覚異常により，色の見え方が独特で，多くの人々には見えやすく，強調や分類などの意味を分かりやすくするための配色も，極端に見えにくく感じられる人もいる。他にも眼振があったり，多くの人には十分な明るさであっても，暗く明るさが足りないと感じられる人がいたりと，実際には視覚障害のある人の中だけでも，その様相は本当にさまざまである。

　視覚障害のある人々は国内に約31万人いる（厚生労働省・平成28年生活のしづらさなどに関する調査）と言われる。全盲だけではなく，多くは弱視と呼ばれる，全く見えないわけではないが，場面や状況によって見えにくさを感じる人々である。また，視覚障害者に対しては，まず点字によるサポートが必要ではと想像されるかもしれないが，実際には視

覚障害者の中で点字が読める人の割合は10.6％にとどまる（障害者白書, 2007）ことに注意が必要である。それ以外の人々は, 拡大印刷や, ルーペなどの自助具, 朗読サービスや代読, または音声読み上げソフトを使用して耳で聞いて読むなどによって情報を得ている。また, 後天性の視覚障害者も多数存在する。高齢者では緑内障による視力の低下や視野の欠損による見えにくさ, 白内障によるまぶしさや目のかすみなどがあることがよく知られている。生活習慣病の一つである糖尿病では, 糖尿病網膜症により次第に視力が低下していき, 場合によっては失明することもある。

　また, 視覚障害のある人以外でも, 見えにくさに関わる困難は生まれる。視力には障害がなくても, 生まれつき文字を認識することに極端な困難を感じる読字障害（ディスレクシア Dyslexia）のある人々がいる。ディスレクシアでは, 視力に低下はないので目は見えており, 知的にも障害はない。しかし文字の形態を認知したり, 脳内で文字を音や意味に変換する処理に困難があると言われ, 印刷物を読むことに大きな困難が感じられる。

　紙の印刷物は, 人間の歴史においてごく一般的なものと考えられてきた。そのため, 情報を得る際に, 通常の紙の印刷物ではない形式を必要とする障害者のニーズが十分に考慮されてきたとは言いがたい。また, 紙ではなくとも, 公共交通機関や道路, 街角にあふれる一般的な標識や案内図にも, 同様の課題を残したものもある。例えば銀行の ATM 端末, 駅の券売機などでは, 電子的なディスプレイが用いられる。しかし, ディスプレイを使っていても, ユーザのニーズに合わせて自由に表示を変更できるなど, 多様な人々のニーズに応える準備が行われていない場合は, 結果的に紙の印刷物と同じ障壁がそこに存在することになる。

(2) 聞こえない，聞こえにくい

　聞こえない，聞こえにくいことから来る情報アクセスの困難もある。「音声の形でしか提示されていない情報」が世の中には多数あるためである。まず，誰かと話して情報を得なくてはならない場面が挙げられる。例えば，役所や駅の窓口で，レストランや販売店で，そこにいる担当者に直接対面で何かを伝えたいときには，音声でやりとりする必要がある。対面ではなくても，どこかの団体などの問い合わせ窓口に連絡するときには，メールアドレスやFAX番号が公開されておらず，電話の窓口しか用意されていないこともある。電車内，公共施設や職場，病院の待合室で，アナウンスが音声でしか行われないこともある。同様に地震や火事などの災害警報，ガス漏れや機器の異常を知らせる安全に関する警告などについても，音声でのアナウンスや音による警報しかない場合もある。社会全体の多数派を占める「聞こえる人」にとっては，音声での情報提示がごく自然なことであるため，聴覚に障害のある人が得られていない情報は多岐にわたる。聴覚障害のある人は国内に約34万人（厚生労働省・平成28年生活のしづらさなどに関する調査）いると言われるが，高齢者での聴力低下や，軽度の聞こえにくさがある人々を含めると，実際にはさらに多くの人々が情報取得に困難を感じている可能性がある。

　また，聴覚障害のある人々のうち，「ろう者」と呼ばれる「手話を第一言語として使用する人々」では，日本語で書かれた文章の内容へアクセスすることに困難を感じることもある。国際的に，手話は独立した文法や語彙を持った言語であることが認められている。日本には「日本手話」と「日本語対応手話」という2つの手話がある。ろう者が用いる手話は「日本手話」の方であり，日本語とは異なる文法体系を持っている。「日本語対応手話」は，日本語の文法そのままに，単語の部分を手話に置き換えたもので，日本手話とは別のものである。ちょうど英語の文法

をそのままに単語だけ日本語に置き換えても，日本語を第一言語とする人にとっては分かりにくい言葉になると感じられるように（例：「I have a pen」→「私 持つ 1つの 鉛筆」），日本手話を第一言語とするろう者にとっては，日本語対応手話は分かりにくいものであると言われている。このように，日本人の中にも，ろう者という異なる言語体系を使う人々がいる。そうした人々の中には，日本語の長い文章で説明が書かれているものを読むときに，それを一旦，頭の中で手話に置き換えて，それから内容を理解しているろう者がいたり，ろう者によっては日本語の文章から内容を理解することに苦手感を持っている人もいる。近年では，外国語を第一言語とする人々への配慮として，外国人の多い自治体の役所のWebページや公共交通機関の目的地表示などでは，日本語の説明文などに，英語や韓国語，中国語での説明を併記するケースも増えてきている（例：新宿区「外国人向け生活情報」Webサイト）。そうした取り組みと同様に，手話を第一言語とする人々への配慮を充実させることも必要である。

(3) 分かりにくい

　知的障害のある人々にとっては，書かれている文章の内容が難しいものであった場合に，理解が難しいことがある。また，音声で一度に情報を伝えられても，その場ですぐに理解することが難しい場合がある。しかし，分かりやすい言葉に置き換えられていたり，説明が音声で一度に伝えられるのではなく，少しずつ区切って伝えられたり，じっくり理解できるように文書として提示されていたり，文章だけによらず，図やイラスト，シンボルなどで視覚的に内容を表現されていたりといった，さまざまな配慮があることで，知的障害のある人々がよりよく理解することにつなげられる。

実例として，知的障害のある人が編集に参加して制作されている新聞（野沢，2006）もあり，「季刊ステージ」という新聞が2014年まで，全国手をつなぐ育成会によって発行されていた。また，NHK は「News Web Easy やさしい日本語で書いたニュース」という取り組みを続けている。他にも，近年では自治体の Web サイトで，「やさしい日本語」によって書かれたものを用意する取り組みも行われている。横浜市は，「やさしい日本語で伝える　分かりやすく　伝わりやすい日本語を目指して（第4版）」という基準を作成して公開している。

　このようなニーズは知的障害に分類される人々に限られるわけではない。医学的には知的障害とは診断されないが，軽度の知的な困難さのある人々や，認知症のある人や，高齢により理解の速度がゆるやかになった人々，外国語を第一言語としているために内容の理解に時間が必要な人々など，さまざまな人々で同様のニーズがあると言える。

(4) 操作ができない，しづらい

　「手指がある程度，意思通りに滑らか円滑に動くこと」，「手足が支障なく動き，道路，階段，ドアなどのある建物内を移動できること」は，さまざまな建築物，構造物，物品など，あらゆるデザインにおいて，ユーザーの特性の前提となってきた。

　自動ドアでないドアで，かつ近くに人がおらず，開く手助けを得られないドアはいろいろなところにある。階段だけでエレベーターがない建物も多い。学校の校舎は現在でもその代表的な例ではないだろうか。ペンで文字を書くことが難しいために，紙とペンでメモを取ることが困難な人にも，録音や撮影で記録することを許されない場面は珍しくない。またパソコンのキーボードをタイプしてメモを取りたくても，一般的な大きさのキーボードだと，大きすぎて使えないと感じる人もいる。肢体

不自由などで手や腕の可動範囲が狭く,端から端まで手指を動かすことができないためだ。マウスを動かすことが困難だったり,ボタンをクリックするための数グラムの力をかける筋力がない場合もある。

　紙の印刷物を手で持って,ページをめくって読み進めていくためには,非常に細かい手指のコントロールが必要である。また,脳性まひなど,身体のコントロールに困難のある人の中には,姿勢や眼球のコントロールに困難があり,望む場所に視点を向け,焦点を合わせことが困難な人がいる。そのため肢体不自由のある人も,視覚障害やディスレクシアの人と同様に,印刷物を読むことに障害があると言われる。情報の媒体が印刷物であることによって障害が生まれていることから,「印刷物障害 (Print disabilities)」と総称されることもある。

(5) 必要な情報を見落とす,見間違える,聞き漏らす

　情報アクセスの困難さについて,視覚や聴覚の障害を原因として「見えない,聞こえない」場合以外にも,注意の障害を原因として,「見落とす,見間違える,聞き漏らす」場合がある。注意の障害はさまざまな障害種別で起こることが知られているが,その困難さが外見から見てすぐに分かるものではなかったり,特有の困難さを周囲が直感的かつ共感的に理解することが難しい障害と言えるだろう。

　例えば,発達障害の一つとして知られる「注意欠如／多動性障害 (Attention Deficit／Hyperactivity Disorder：ADHD)」のある人の中には,一つのものや場所,情報に注意を集中することが難しかったり,また逆に,過剰に一つのことに注意が集中しすぎて,適切に他の場所へ注意を移動させたり,注意を向け続けることが不必要なときに適度に休みを取ったりすることが難しいことがある。また周囲の騒音など不必要な情報をうまく無視することができずに,注意を向けなくてはならない

対象から十分に情報を得ることが難しいことがある。そのために，必要な情報を見落としてしまうことがある。肢体不自由などの障害と違い，注意の障害は，外見からすぐに分かる障害ではないため，「見えない障害」と呼ばれることがある障害の一つである。注意の機能は，人間が環境から情報を得る際に，重要な働きをしている。例えばあなたが誰か（Aさん）の話に耳を傾けている状況を想像してみよう。

…あなたはAさんが発している言葉だけに注意を向け（＝選択的に注意を向ける），それ以外の不要な音や他者の発話を無視して意識から追い出す（＝選択的に注意を向ける）。さらにAさんが話をしている間，あなたはそれほど努力せずとも，それを継続することができる（＝注意を特定の場所へ持続的に向け続ける）。そのうち誰かが遠くから呼びかける声が聞こえたような気がしたので，そちらにも注意を向けることができる（＝必要な他の場所へ注意を転換する。さらに，），Aさんの話を聞きながら同時にその声の様子をうかがってみると（＝同時に他の場所へ注意を分配する）。すると，自分には関係がなさそうであることが分かった。そこであなたは再びAさんの話に集中する。そうすることで，あなたはAさんが話している内容をよく理解することができる。

　ここにはいくつもの注意の働き（注意の選択，持続，転換，分配）が含まれている。これらの注意の働きのどこか一部分がうまく働かないだけでも，周囲からの情報を得る上で，大きな困難が生じる。例えば，職場で作業の指示書を読みながら上司の説明を聞いている場面で，周囲が立てるちょっとした音に毎回毎回必ず注意を持っていかれてしまう場合を想像してみよう。同じ職場にいる同僚がペンを落とした音，かかってきた電話の応対のために誰かが話し始めた声，入り口のドアがノックさ

れる音，誰かの咳払い(せき)など，職場に雑音はあふれている。本来，上司とのやりとりで得たいと思っている情報をスムーズに得ることは難しくなることが分かるだろう。前述した「Aさん」や「上司」の部分を，書籍，看板や掲示物，スピーカー，情報端末などに置き換えてみれば，職場以外の場面でも，似た状況はどこにでもあることが分かる。

　ADHD以外の障害でも同様の困難は起こる。高次脳機能障害と呼ばれる，脳卒中や交通事故などの頭部外傷，脳腫瘍など，さまざまな原因により脳の一部に損傷を受けることで生じる認知面の障害がある。高次脳機能障害では，脳の損傷の場所や状況によって，現れてくる障害とその重篤度は千差万別である。記憶の障害，注意の障害，情動のコントロールの障害，言語の障害，空間や身体，対象（人物，表情や物品の弁別や同定など）の認知の障害，日常的な一連の動作の遂行（e.g. お茶を入れる，トイレで用を足すなどを構成するさまざまな動作の順序通りの組み合わせ）の障害などから構成されている。すなわち，高次脳機能障害では，人間の多様な認知機能のうち，どれか一つに限局的に，またはいくつかが組み合わさって，軽度から重度までさまざまな形で，障害が現れることとなる。こうした高次脳機能障害の中でも，注意の障害は非常によく起こる障害である。

　これらと似たような，軽い困り感をもたらす注意の混乱は，ADHDや高次脳機能障害のない，多数派の人々にもしばしば起こる。そのため，「誰にでもあること」「たいしたことではないこと」と片付けられてしまいがちである。しかし，注意に障害のある人にとっては，それが常に起こり得るため，他とは質的に異なる重い困り感があると考える必要がある。無関係な情報やノイズができるだけ存在しないように情報提示を工夫するなど，困難が起こりにくくするような配慮が必要である。

　また，慣れていない場所，暗黙の了解が分かっていない場面，提示さ

れている情報がよく理解できないなど，先々の状況を予測することが難しいときには，誰にでも見落とし，見間違い，聞き漏らしなどによる誤解や勘違いが起こりうるものである。例えば，初めて訪れた海外の空港では，どこにどんな情報が，どのような形で提示されているのかが勝手が分からない。現地の人々が共有している文化やルール，常識が分からないためである。そのような状況では，人は思わぬ誤解や勘違い，間違いをしてしまいがちである。

こうした不慣れな状況は，言い換えると，「状況に合わせて，注意を適切な場所へ向けることに，極端に高い負荷がかかる環境」であるとも言える。そのため，注意のコントロール自体には大きな困難がない人でも，「ある場面で暗黙の了解が分からない」という困難があると，情報の見落としや誤解などの困難を生むことが分かる。

関連して，自閉症スペクトラム障害のある人々では，あいまいではっきりと示されていない暗黙の了解を理解することや，耳で聞いた音声言語の処理と理解に苦手な傾向があることが知られている。さらに，精神障害のある人，聴覚障害のある人，肢体不自由のある人など，さまざまな障害のある人では，何かの作業を行うとき，たとえ障害のない人々にとっては楽な作業であっても，より多くの集中や努力といった注意の力が必要となる。これら注意と認知の困難のある人々への配慮では，できる限り認知的な負荷を生まないような環境上の工夫が，情報の伝わりやすさ，情報提示のユニバーサルデザインにおいて重要となる。

3. LGBTとスティグマ

LGBT（lesbian, gay, bisexual and transgender）という言葉が日本でも知られるようになっている。米国では最後に「クィア（Queer）」または「まだはっきりしていない状態（Questioning クエスチョニング）」

のQを付けて，LGBTQ と呼ばれることも少なくない。最初のL・G・Bであるレズビアンとゲイ，バイセクシャルは，性的指向（恋愛・性愛の対象）を意味する用語であり，最後のTであるトランスジェンダーは，性別違和のある状態，つまり身体的性別（解剖学上の性）と性自認（ジェンダー・アイデンティティ：自己が認識している自分自身の性）とが一致していない状態を指す。最後のQであるクィアやクエスチョニングについては，性的指向のアイデンティティが，社会規範的にあらかじめ設定されたものだけではなく，それ自体が疑わしいこと（Questioning）であり，本来は非常に多様であることを啓発している。そこで，あえて「クィア（奇妙な）」というネガティブな言葉が，異性愛以外の性的指向や多様な性自認の存在をポジティブに意味するために使われている。このように，性（性的指向や性自認，性別など）の捉え方は，1970年代頃から米国を中心に盛んになっていったLGBTの社会運動を背景として国際的に展開し，かつての「男性」と「女性」かつ「異性愛」という，社会規範によって構築された限定的な概念から，拡がりを見せつつある。

　LGBT について，障害との大きな違いは，「機能面の制限（functional limitations）」が見られないことにある。見る，聞く，話す，移動する，読む，書くなど，機能面の制限がLGBT に見られるわけではない。しかしながら，多数派が共有する社会規範との相違により，LGBTや障害は，歴史的・社会的にネガティブな印象を持たされた「社会的烙印（stigma スティグマ）」とされてきた。結果，そのようなスティグマを受けた人々は偏見や排除にさらされやすく，前もって考慮される人々とされにくい社会状況が作られてきた。この点でLGBTと障害は共通している。

　LGBT は，機能面の制限がないことから，ICT など情報社会のユニ

バーサルデザインとは一見して無関係のように思えるかもしれない。しかし，じつはそうではない。例えば，ソーシャルネットワーキングサービスの最大手の一つであるFacebookでは，ユーザーがFacebookに利用者登録をする際，「性別」の選択肢が50種類以上，あらかじめ用意されている。多様な人々のインクルージョンを考える上で，単に性別などの選択肢が用意されていれば，それで問題が解決するわけではない。しかし，「はじめから参加者として想定されている」ことの意義は大きい。「ユーザーとして多様な背景のある人々を可能な限り広範囲にあらかじめ想定した設計を行う」というユニバーサルデザインの考え方を広げる上で，LGBTという概念もまた，障害と並び重要なものと言える。

4．おわりに

（1）多様な人々が利用することを前提とした設計の必要性

　ある情報の表現方法が，多数派だけに合わせたものだけであったとしたら障害のある人のように情報アクセスに多数派とは異なる手段が必要な人は，必要な情報を得られないままに取り残されてしまう。障害のある人の側が努力して多数派の在り方に合わせるのではなく，設備やシステム，環境の側に，障害のある人にもアクセスが可能となるように，「表現方法に複数のやり方を用意すること（CAST, 2011）」が考慮されていなければ，多様な参加方法を前提とした社会設計であるユニバーサルデザインに近づくことは難しい。

　私たち現代人の生活を見回してみても，視覚に頼らなければ情報を得られない場面は枚挙にいとまがないし，対人でのやりとりは音声言語で行うことが前提となっていることは，前述したとおりである。今後さらに，日本の社会全体のさまざまな場面で，ユニバーサルデザインの考え方を当たり前のものにしていく必要がある。

(2) ニーズを伝える権利を認める

　多様な人々が参加可能な世の中を作るには，多様性について準備が整った社会構造を作っていく必要がある。しかし，どのような多様性があるのかを知っていなければ，社会の準備性を上げるためにどのような取り組みをすべきかを考えることができない。また，そもそも「多様性」の対象に含まれる可能性のある人々は，社会においては少数派とされる人々である。そのため，広く一般にそれぞれのニーズが知られているとは言いがたい。しかし，知られていないことをそのままにしておいてよいとも言えない。ニーズについて，周囲が気付くことを求めるだけではなく，ニーズのある本人も周囲に伝えなければならない。しかし，障害者を含む少数派が，自らのニーズを主張することは，時に「わがまま」と誤解され，社会的に抑圧されることもある。

　そこで，障害者が自らのニーズを周囲に伝えられるように，その権利を当然とする共通理解が必要となった。2006年に成立した国連の障害者権利条約と，それに基づき日本でも2016年に施行された「障害を理由とする差別の解消の推進に関する法律（障害者差別解消法）」では，障害者への不当な差別の禁止と，「合理的配慮 reasonable accommodation」が提供されないことを差別として禁止する制度が作られた。差別禁止アプローチを制度として取り入れている国では，まず障害のある当事者が，自らのニーズへの合理的配慮を関係者に求める発議権を持っている。本人以外の他者が勝手に必要な配慮を判断して，本人の合意なく行うことは，パターナリズム（父権主義）的な処遇として否定されている（例：障害を持つアメリカ人法 Americans with Disabilities Act：ADA）。本人の意思に基づいて，本人が必要だと思うことを周囲に伝えられる制度や社会的な態度があることは，「多様性の包摂に向けて準備が整っている世の中」へと向かうための前提の一つと言えるだろう。

（3）コンフリクトに向き合う

　時に，障害のある人のためによかれと思ってやったことが，結果として思わぬ障壁を生むこともある。例えば，点字ブロックの敷設は視覚障害のある人々にとって大変便利なものであり，特に駅のホームや道路脇などの場所では，命の安全を左右する重要なものである。しかし，敷設の仕方によっては，誤誘導により視覚障害者に逆に危険をもたらすこともあり，またベビーカーを押す人，車いすユーザー，台車を使う人などにとっては，路面を移動する上での障壁となる。足腰の弱った高齢者などがつまずきやすかったり，雨で濡れた場合に転倒しやすいこともあるだろう。また，黄色いブロックが景観やデザイン性を重要視する場所によっては美観を損ねることもある。

　このように，いかにバリアフリーのためとはいっても，その取り組みが何らかの利害衝突を生むことは当然のことである。また，そうしたコンフリクトについて話し合うことを単純にタブー視することは，多様性への気づきを閉ざしてしまうことにもつながる。このことを，中邑・福島（2012）では「バリアフリー・コンフリクト（中邑・福島，2012）」と呼んだ。バリアフリーの取り組みにも，その個々の場面には，立場の異なるさまざまな当事者が存在する。障害者だけではなく，その支援者，周囲の人々，障害のないその他多くの人々など，多様な人々がそこに関わっている。バリアフリー・コンフリクトという言葉は，それぞれの異なる視点を想定し，関係者間でのより良い納得に近づくための方法を考えることや，またオープンに議論ができることの重要性を示している。

　障害者など少数派への配慮が善意として必要であることだけが強調され，配慮への否定的な意見はタブー視された場合，そのような行為が新たな偏見や不適切な配慮を生むことは想像に難くない。実際のところ，本章で挙げた障害者の情報アクセスに関する困難事例は，ほんの一部の

例に過ぎない。個々の事例に目を向ければ，それぞれの事情・状況に基づいた特有の困難があって当然である。そのようなニーズへの対応のためには，社会モデルに立った視点と，関係者間での合意を探るオープンな議論が不可欠であると言えるだろう。

参考文献・サイト

1．星加良司（2007）『障害とは何か―ディスアビリティの社会理論に向けて』生活書院
2．マイケル・オリバー，三島亜紀子・山岸倫子・山森亮・横須賀俊司訳（2006）『障害の政治　イギリス障害学の原点』明石書店．Oliver, Michael, 1990. *The Politics of Disablement, Macmillan.*
3．澁谷智子（2009）『コーダの世界―手話の文化と声の文化（シリーズケアをひらく）』医学書院
4．成松一郎（2009）『五感の力でバリアをこえる―わかりやすさ・ここちよさの追求（ドキュメント・ユニバーサルデザイン）』大日本図書
5．藤澤和子・服部敦司（2009）『LLブックを届ける―やさしく読める本を知的障害・自閉症のある読者へ』読書工房
6．野沢和弘（2008）『わかりやすさの本質（生活人新書）』日本放送出版協会
7．メアリアン・ウルフ（2008），小松淳子訳『プルーストとイカ―読書は脳をどのように変えるのか？』インターシフト
8．井上智・井上賞子（2012）『読めなくても，書けなくても，勉強したい―ディスレクシアのオレなりの読み書き』ぶどう社
9．ウタ・フリス（1996），冨田真紀訳『自閉症とアスペルガー症候群』東京書籍
10．山田規畝子（2004）『壊れた脳　生存する知』講談社
11．オリバー・サックス（1992），高見幸郎・金沢泰子訳『妻を帽子と間違えた男』晶文社

12. 飯野由里子（2009）『レズビアンである「わたしたち」のストーリー』生活書院
13. 中邑賢龍，福島智（2012）『バリアフリー・コンフリクト：争われる身体と共生のゆくえ』東京大学出版会

7 ｜人々の多様性②（高齢者・外国人など）

榊原直樹

《目標＆ポイント》 ユニバーサルデザインを理解するためには，ユーザーが具体的にどのような問題を抱えているかを知る必要がある。ここでは高齢者と外国人の持つ問題点を中心に解説する。
《キーワード》 高齢者像の変化，加齢変化，ジェロントロジー

1. 多様な高齢者像

あなたは高齢者を何歳くらいの人と思い浮かべるだろうか？

衰弱し寝たきりになっている人をイメージするだろうか。あるいは悠々自適に老後を過ごしている明るいイメージだろうか。思い浮かべた高齢者のイメージは個々に異なるだろう。長い人生を経た中で，それぞれ異なる経験を重ねてきた高齢者は，非常に多様な存在である。

高齢者に対するあなたの態度はどうだろうか？高齢者に対する考え方は時代や地域などによって変わる。つまり，高齢者が多様なように，高齢者に接するあなたが考える高齢者像も多様なのである。

（1）高齢者の定義

高齢者のイメージが人それぞれ異なるように，高齢者の定義も場所や時代によって異なる。若くても早い時期に仕事からリタイアする習慣がある国では，50歳からを高齢者と呼ぶ場合もあるだろう。逆に健康で動けるうちはなかなか高齢者と認めてくれない制度を持つ国もある。いっ

たい何歳から高齢者なのだろうか。

国際保健機関（WHO）の men ageing and health によると，高齢者は65歳からとされている。しかし同じ機関が出している Minimum Data Set Project によると，50歳からを高齢者としている。

日本では制度的な問題から，年金の支払われる65歳からが一般的に高齢者と定義されている。さらに詳しい定義では65歳から75歳を前期高齢者と呼び，後期高齢者という呼称は75歳以上を指す。

65歳から高齢者という定義は現在揺れている。なぜなら国の社会保障制度の関係から年金支給の年齢をさらに遅らせようという動きがあり，年金支給開始年齢が引き上げられる可能性がある現在では，その定義が揺らいでいるからだ。年金が支給される年齢が高齢者の定義に合わせたものであるならば，高齢者の定義もそれに合わせて変えていく必要がある。

さまざまな世代の人に対して，高齢者とは何歳以上であるかと問うたアンケート結果がある。これによると最も回答の多いのが70歳以上というものであった。そして回答者の年齢が高いほど，高齢者としての年齢が上がる傾向にあった。多くの人が「高齢者」について，WHO（世界保健機関）による定義である65歳以上よりも，高い年齢層をイメージしているといえる（**図7-1**）。

平均寿命が50年であった時代と異なり，医療技術や栄養状態が改善した現在では，かつての高齢者像とは異なる新しい高齢者が誕生している。高齢者を理解するためには，かつての高齢者像を刷新し，新しい高齢者の姿を再認識する必要があるのである。実際に日本老年学会は2017年に65歳以上の人を以下のように区分することを提言している（**表7-1**）。こうした高齢者の定義は年金制度や雇用制度の在り方に関する議論にも影響を与えるため，今後も慎重な議論が求められる。

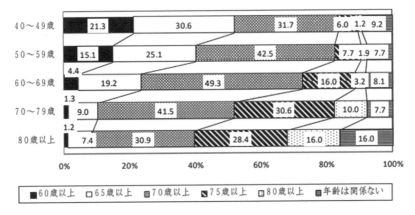

図7-1　高齢者は何歳以上と考えるか，年代別回答
(出典：三菱UFJリサーチ＆コンサルティング（2016）「厚生労働省委託　平成27年度　少子高齢社会等調査検討事業　報告書」)

表7-1　提言：高齢者の新たな定義

提言：高齢者の新たな定義
65～74歳　　准高齢者・准高齢期(pre-old) 75歳～　　　高齢者・高齢期(old) なお、高齢者のなかで、超高齢者の分類を設ける場合には、90歳以上とし、超高齢者・超高齢期(oldest-oldないしsuper-old)と呼称するものとする。

(出典：日本老年学会・日本老年医学会「高齢者に関する定義検討ワーキンググループ報告書　2017」)

（2）高齢社会

　個々の高齢者の変化を知るために，まずその背景を理解する必要がある。「高齢化社会」あるいは「高齢社会」という言葉が広まって久しい。

表7-2　高齢化／高齢者社会の定義

高齢化社会（Aging society）	全人口の7％が65歳以上の社会
高齢社会（Aged society）	全人口の14％が65歳以上の社会

（出典：世界保険機関）

　この言葉は社会の中で高齢者の人口が相対的に増えてきていることを指しているが，同じようでも2つの言葉には明確な違いがある。

　これは，全人口に対する65歳以上の人口の割合で区切られる（表7-2）。いま現在高齢化が進んでいる社会と，十分に高齢になった社会の違いである。

　日本の総人口は2016年10月時点で1億2,693万人であり，そのうち65歳以上の高齢者人口は3,459万人である。日本の社会は高齢社会の定義である14％を超え，全人口の27.3％が65歳以上の社会に突入している。7％ごとにその名称を変えるのであれば日本は高齢社会を超えた，いわば「超高齢社会」に既に突入しているのである。27.3％は日本の人口の4人に1人であるが，さらに驚く数字を挙げれば，成人人口（20歳以上）のうち，半数以上が50歳を超えているのである。これは投票権を持つ人の2人に1人が50歳以上であり，政治など社会的に多くの影響力を持つことになる。

　高齢社会と同じような文脈で使われる言葉に「少子高齢化」という言葉もある。子どもの出生数が減り，相対的に高齢者が増えていく現象である。この様子を分かりやすく示したのが人口ピラミッドである。人口ピラミッドは年齢別の人口数を縦に積み重ねたグラフである。

　2015年の人口ピラミッドは60歳代と30歳代にピークがある。15歳以下の人口が年々減少しており，そこが狭まっている（図7-2）。

　2つ目のグラフは現在の出生率などを加味して2050年の年齢別の人口

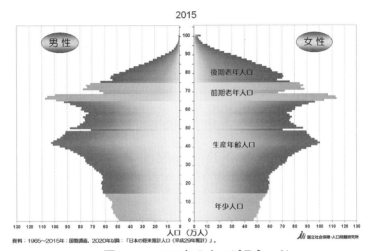

図7-2 2015年の人口ピラミッド
(出典:国立社会保障・人口問題研究所,日本の将来推計人口(平成29年推計))

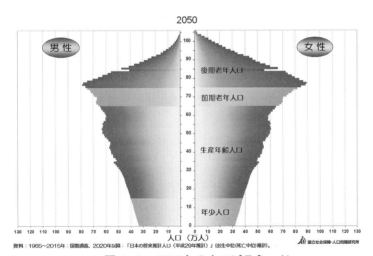

図7-3 2050年の人口ピラミッド
(出典:国立社会保障・人口問題研究所,日本の将来推計人口(平成29年推計))

を計算したものである。2015年よりもさらに若年層の人口が減り，ピラミッドがいびつな形になっている（図7-3）。

既に超高齢社会を迎えた日本は，今後もさらに高齢化が進むことが予見されている。

社会の変化として注目すべきは，年齢別の人口比だけではない。高齢化の進むスピードも重要である。

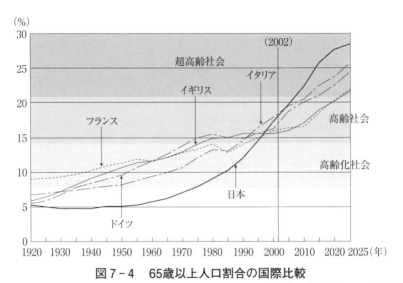

図7-4　65歳以上人口割合の国際比較

（出典：統計局 Web サイト）

図7-4のように，日本の高齢化の進むスピードは諸外国のそれに比べ，さらに早い。例えばフランスが高齢化社会から高齢社会に到達するまでに要した期間は114年だが，日本の場合は24年しかかかっていない。このように日本は急速なスピードで高齢化が進んでいるのである。ゆっくりと高齢化が進めば，その間に社会制度の変更やインフラを高齢者に

合わせて作り直すなどの対応が十分な時間を持ってすすめることができたが，日本にはその時間的余裕がないまま高齢社会を迎えてしまった。

　ユニバーサルデザインが求められているのもこうした社会の変化に急いで対応しなければならないという必要性からである。

2. 高齢者とIT

　総務省の通信利用動向調査（2016年）では年代別のスマートフォンの個人保有率の推移の調査結果がある。これによれば，50代以降からスマートフォンの利用率が急に下がっている。しかし，この結果から高齢者はITを使わない，もしくは苦手であると結論づけるのは早計だろう。スマートフォンを利用するだけでなく，82歳にしてゲームアプリを開発

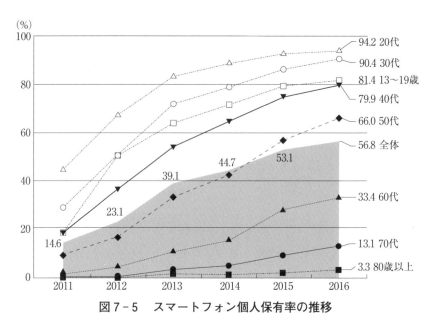

図7-5　スマートフォン個人保有率の推移

（出典：総務省（2016）「通信利用動向調査」）

し，「世界最高齢の女性開発者」として世界中から注目を集めている若宮正子さんのように，高齢になってから勉強してITに詳しくなった人もいる。

このようにITを使いこなしている高齢者と，ITを使わない高齢者の違いはどこにあるのだろうか。原田（2009）は高齢者が機器を利用する際における問題を4層に分けて考えるモデルを示している。

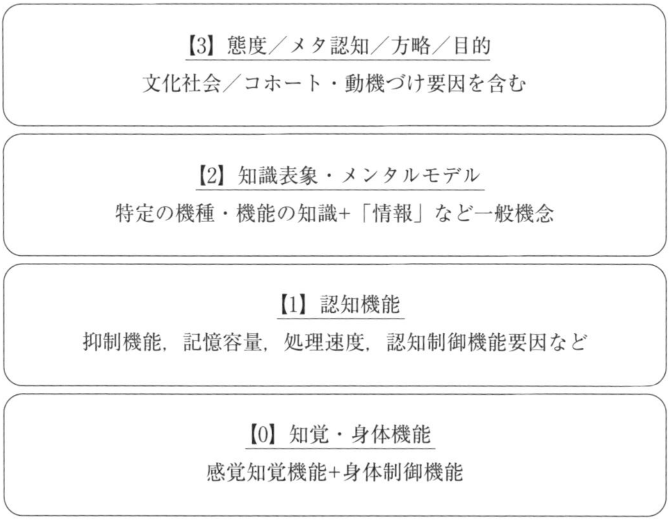

```
┌─────────────────────────────────────┐
│  【3】態度／メタ認知／方略／目的      │
│  文化社会／コホート・動機づけ要因を含む │
└─────────────────────────────────────┘
┌─────────────────────────────────────┐
│  【2】知識表象・メンタルモデル         │
│  特定の機種・機能の知識＋「情報」など一般概念 │
└─────────────────────────────────────┘
┌─────────────────────────────────────┐
│  【1】認知機能                        │
│  抑制機能，記憶容量，処理速度，認知制御機能要因など │
└─────────────────────────────────────┘
┌─────────────────────────────────────┐
│  【0】知覚・身体機能                  │
│  感覚知覚機能＋身体制御機能           │
└─────────────────────────────────────┘
```

図7-6　原田（2009）の認知工学のための「三層＋1」モデル
(出典：原田（2009））

これによれば機器利用の問題点には，加齢による心身の変化による要因と，これまでの生活習慣や教育，周囲の環境などの社会的な要因が影響している。それゆえ，それぞれの層に応じた高齢者のIT利用に関する支援を提供することができれば，高齢者にとって使いやすい情報のユニバーサルデザインを実現できるだろう。

以下,原田(2009)の「三層＋1」モデルの各階層を具体的に説明する。

(0) 知覚・身体機能

加齢によりさまざまな状態が変化するが,最も実感しやすいのは身体の感覚器官や体力の衰えだろう。ここでは,IT利用の際に影響の大きい身体機能の特性について述べる。

(1) 視覚

ある程度年齢を重ねた人ならば,コンピュータやスマートフォンの画面が見えにくい,小さい文字が読めないといった経験をしたことがあるだろう。加齢とともに近くのものに焦点を合わせられなくなったり,薄暗い場所でものが見えにくくなる老眼の状態は,個人差はあるが40歳を過ぎたころから起こる加齢の影響である。

さらに年齢を重ねると,水晶体が濁る白内障が起こる。レンズの透過率が下がることになるので,ものを見るためにより明るい光が必要になる。白内障は同時に色の識別能力の低下も引き起こすので,同系色の暗色の識別や,青色系が退色して見えるようになる。

視覚の低下を補うためには,画面の文字サイズや色の組み合わせなどを利用者に合わせて変更できるようにすること,さらに,できるだけ明るい場所で操作するなど利用環境の配慮も重要である。

(2) 聴覚

加齢とともに聴覚の能力も低下していく。一般的に高い音から聞き取りにくくなり,徐々に会話が聞き取りにくくなり,やがて低音領域にも影響するようになる。

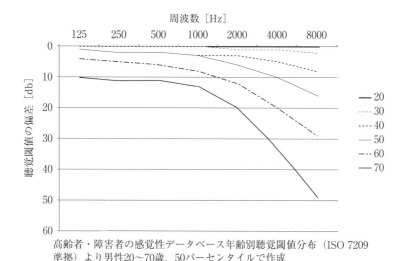

高齢者・障害者の感覚性データベース年齢別聴覚閾値分布（ISO 7209 準拠）より男性20〜70歳，50パーセンタイルで作成

図7-7　加齢による最小可聴値の変化
（出典：産総研，高齢者・障害者の感覚特性データベース，筆者一部修正）

　ただし，聞き取りにくくなる部分は個人差があるため，一律に高音部だけを強調すればよいというわけではない。補聴器などを補装する際には，聞き取りにくい音の高さを測定し，個別に調整する必要がある。

　聴覚の低下を補うためには，補聴器のように個別の聞き取りやすさを調整できるようにするとよい。また，報知音や警告音のような機器から出る電子音は，高い音で作られることが多いので高齢者が聞き取れないことがある。できるだけ高音と低音を組み合わせて警告するとともに，音以外でも警告に気がつくような配慮が必要になる。

(3) 巧緻性

　加齢により手指の巧緻性が低下して，細かいものを操作する能力が下がる。そのため，マウスの操作や画面のタッチが難しくなる場合がある。

巧緻性の低下の原因はさまざまだが，筋力や反応速度の衰えなどが考えられる。

巧緻性の低下を補うには，画面をデザインする際にアイコンやボタンなどをできるだけ大きく選択しやすくすることが求められる。また，指先が乾きやすい高齢者は，指先を静電気が通電することによって反応する静電方式のタッチパネルは反応が悪くなるため，感度を調整できるとよい。

（1）認知機能

人の認知能力にはさまざまな側面がある，暗記などのように短期記憶を使う能力は若いうちの方が能力が高く，40代を境に徐々に低下していく。一方で会話や文章を扱う言語（語彙）能力や，日常に起こる問題を

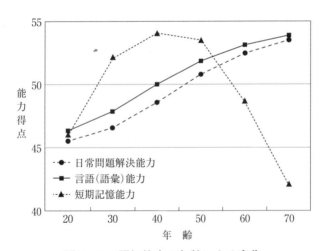

図7-8　認知能力の年齢による変化
（出典：総務省（2013）「ICT超高齢社会構想会議　報告書」＊原図：Cornelius and Caspi（1987））

解決する能力は，年齢とともに伸び続ける。高齢期には新しいことを覚えることが難しくなっていくが，これまでの経験を活かすことで，さまざまな問題を解決していくことができる。

　短期記憶能力を補い，IT機器の操作を容易にするためには，できるだけ記憶に負荷をかけない操作方法を検討する必要がある。以前の操作を覚えておいて，それを再現しなければならないような操作方法は，記憶に負荷がかかるので，操作を簡略化するか，操作の履歴を保存するなどの補助が必要である。

（2）知識表象・メンタルモデル

　知識表象・メンタルモデルとは，ある出来事に対して，それをどのように解釈／判断し，行動するかのモデルであり，過去の経験から構築される。IT機器の操作の経験があれば，その経験からマウスでカーソルを動かし，アイコンをクリックして操作するというメンタルモデルが構築されているので，異なるソフトウェアを使うときも，この原則が同じならば，過去の経験から推測して操作を行うことができる。

　短期記憶の能力は低下するが，経験に基づいて形成された問題解決能力は年齢を重ねるごとに高まることが知られている。しかし，IT機器を利用したことがない高齢者が新しい機器の操作を覚えて，新たにメンタルモデルを構築することはやはり難しい。そのときは，これまでに経験したことのある比喩表現を用いることで，学習の負担が軽くなる。例えば，ファイルを削除するのに，ごみ箱に入れるというのは容易に連想しやすいメタファである。

（3）態度／メタ認知／方略／目的

　この層は高齢者のITに対する態度や，使う目的など機器を利用する

ときのモチベーションなどに関わる。社会的な要因が強く影響する層である。特にコミュニケーションに関わるIT機器の場合，相手がいなければ，使う必要のない機能も多いため，コミュニティのメンバーが機器を使っていないこと，あるいは使っていることが影響することも多い。例えばスマートフォンを持っても，メッセージをやり取りする相手がいなければ使いこなそうというモチベーションがわかないが，孫とメッセージのやり取りをしたいとスマートフォンを使い始める高齢者も多い。

　高齢者にもメリットが多いITの利用だが，1人で始めるのはまだ敷居が高いと思う人も多い。そのような人は地域で活動するシニアネットに参加するのがよいだろう。シニアネットは，高齢者のコンピュータ利用を支援し，互いの知識の向上と交流を目的とした団体である。もともとは米国の非営利団体であるSeniornetが始まりだが，現在ではそれらと同様の趣旨を持つ団体も同じようにシニアネットを名乗っている。日本でも各地にシニアネットが誕生し，地域の高齢者が集まってコンピュータを活用した活動を行っている。それらの活動は趣味的なものから，地域ビジネスに発展したものまで幅広い。

　高齢者にとって，使いやすいIT機器やユーザーインターフェースの研究も大事であるが，高齢者が使いたいと思わせるツールやコンテンツを用意することが重要である。

3. 外国人への対応

　インバウンド観光に代表されるように，日本を訪問する外国人は増加している。同時に日本で生活する外国人も増えている。観光庁の調査では来日する外国人の数は2011年から2017年にかけて4.5倍以上に増え，今後も増加が予想されている。

　法務省の発表では，在留外国人や永住者も増加している。在留外国人

第7章 人々の多様性②(高齢者・外国人など) | 127

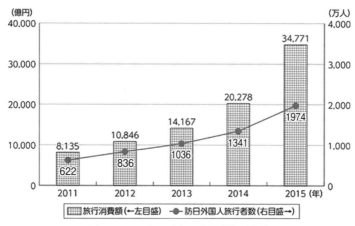

図7-9 インバウンド需要の推移
(出典:観光庁 (2016),訪日外国人の消費動向及び JNTO 訪日外客数の動向)

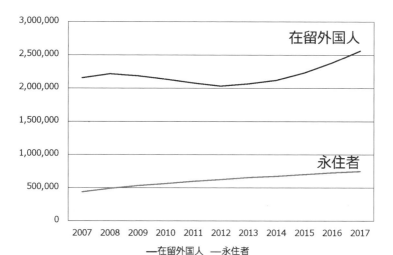

図7-10 在留外国人と永住者数の推移
(出典:法務省統計 (2018) より筆者作成)

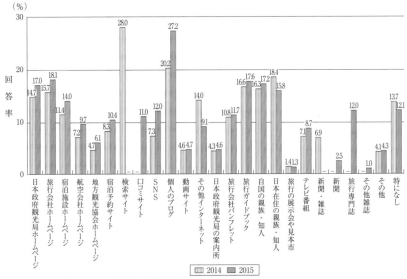

図7-11 訪日外国人旅行者が出発前に得た旅行情報源で役に立ったもの
（出典：総務省（2016）「情報通信白書」）

が一時期減っているのはリーマンショックなど経済的な要因で帰国した人がいたからで，その後は回復し以前よりも増加している。

　言語も文化も多様な背景を持つ外国人に対して，どのように情報を提供していくかは，アクセシビリティの大きなテーマである。図7-11は訪日した外国人が参考にした情報源に関するアンケート結果であるが，各種のホームページが活用されており，ITが欠かせない情報ツールとなっている。

　外国人に対するITによる情報発信は，実際に訪日した外国人だけでなく，潜在的な訪日旅行者への訴求も効果的な需要喚起策となる。インターネットや放送など，あらゆるメディアを通じて，日本各地から数多

くの主体が情報を発信することが可能であり，実際に訪日旅行者の多くが，訪日前にさまざまなメディアを通じて情報に触れている。日本各地の魅力を広く世界に情報発信することにより，インバウンドの増加，ひいては地域経済の活性化に大きな効果が生まれるものと期待される。

（1）外国人向けの Web デザイン

外国人向けの Web デザインを行うには，何をさておき外国語に対応することが重要である。どの外国語に翻訳するかは悩ましいが，最も優先すべきはやはり英語である。平易な構文で書かれた英語であれば，ネットの翻訳サービスを使ってその他の外国語へ変換することが可能である。また日本語から外国語に変換するより，英語から他の外国語に変換する方が，文法の関係などで精度が高い。

メニューなども画像を使わず，CSS[1] でデザインすると，自動翻訳したときに合わせて変換される。テキストで表示することはアクセシビリティにも配慮できるため，さまざまなメリットがある。

「やさしい日本語」を使うことも効果的である。国立国語研究所の調査によれば定住外国人が理解できる外国語として「日本語」を挙げたのは62.6％だったのに対し，「英語」は44％だった。難しい構文や熟語を避け，平易な日本語で記述することにより，在留外国人に対して分かりやすい情報発信が可能になる。

やさしい日本語は外国人に限らず，軽度の知的障害者や日本手話を第一言語とする聴覚障害者にとっても分かりやすいものである。また，やさしい日本語で書かれた文章は前述の翻訳ソフトを使った時にも，精度が高くなる効果がある。

（1）CSS（Cascading Style Sheet）とは，Web ページのスタイルを指定するための言語である。

(2) 多言語を支援する技術

　訪日外国人の「言葉の壁」をなくすための観光情報や地図情報などを備えた多言語対応観光アプリや，多言語通訳・翻訳アプリの提供も重要な施策として挙げられる。例えば，「総務省委託研究開発・多言語音声翻訳技術推進コンソーシアム」では，2020年までに，多言語音声翻訳技術を用いたサービスを病院，ショッピングセンター，観光地，公共交通機関などの生活拠点に導入し，日本語を理解できない外国人が日本国内で「言葉の壁」を感じることなく，生活で必要なサービスを利用できる社会の実現を目指している。これにより，訪日外国人旅行者の満足度や安心感の向上，全体の人数やリピーター数の増加，さらには観光などによる地域経済への波及につながることが期待できる。

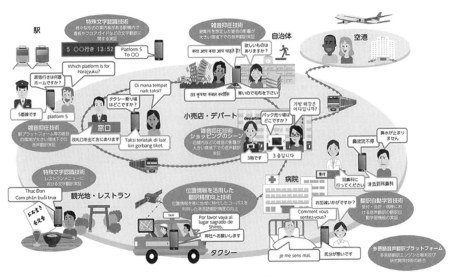

図7-12　多言語音声翻訳技術イメージ
(出典：情報通信研究機構（NICT）(2015)「総務省委託研究開発・多言語音声翻訳技術推進コンソーシアム」)

参考文献・サイト

1. 三菱 UFJ リサーチ＆コンサルティング（2016）「厚生労働省委託　平成27年度少子高齢社会等調査検討事業　報告書」
 http://www.mhlw.go.jp/file/04-Houdouhappyou-12601000-Seisakutoukatsukan-Sanjikanshitsu_Shakaihoshoutantou/001_2.pdf
2. 一般社団法人　日本老年学会（2017）「高齢者に関する定義検討ワーキンググループからの提言（概要）」
 https://www.jpn-geriat-soc.or.jp/proposal/pdf/definition_01.pdf
3. 若宮正子（2017）『60歳を過ぎると，人生はどんどんおもしろくなります。』新潮社
4. 原田悦子（2009）「認知加齢研究は何故役に立つのか：認知工学研究と記憶研究の立場から」『心理学評論』
5. 毎日新聞 Web サイト「在留外国人と永住者数の推移」
 https://mainichi.jp/articles/20170318/k00/00m/040/047000c
6. 総務省（2016）「通信利用動向調査」
 http://www.soumu.go.jp/johotsusintokei/whitepaper/ja/h29/html/nc111110.html
7. 産総研，高齢者・障害者の感覚性データベース
 http://scdb.db.aist.go.jp
8. 総務省（2016）「情報通信白書」"ICT を活用したインバウンド需要の喚起"
 http://www.soumu.go.jp/johotsusintokei/whitepaper/ja/h28/html/nc112520.html
9. 情報通信研究機構（NICT）（2015）「総務省委託研究開発・多言語音声翻訳技術推進コンソーシアム」
 http://www.nict.go.jp/press/2015/10/26-1.html

8 | ICT のアクセシビリティ

近藤武夫

《目標&ポイント》 スマートフォン，コンピュータ，オフィス機器，家電，公共端末などのさまざまな ICT 機器は，多様な人の利用を考慮し，アクセシブルに作られるべきものである。ここでは一般的な ICT 機器のアクセシビリティ機能を中心に解説する。
《キーワード》 アクセシビリティ，デジタルデバイド

1. はじめに

　例えば，あなたがある地方都市に引っ越して来た日に，新居がある地域でのゴミの出し方を今すぐに調べたいと思ったとしよう。たいてい，その地域の役所の Web サイトを閲覧すれば，ゴミ出しなど生活についての情報も掲載されている場合が多い。そこであなたは市役所の Web サイトを閲覧するために，スマートフォンを使うことにした。具体的には，あなたはスマートフォン上で動作する Web ブラウザ（例：iPhone における Safari など）を使用することになるだろう。
　スマートフォンはそれまでの携帯電話とは異なり，デスクトップ・パソコンと遜色ない高機能なインターネット・ブラウザが搭載されていたり，使用者が自由に最新のソフトウェア（アプリ）を選んで，後から追加することができるといった特徴がある。そのためスマートフォンは，伝統的な携帯電話の機能である電子メールや音声通話に加え，さまざまな用途に使われるようになった。また，インターネットを介した多彩な

コミュニケーションの道具として，パソコンよりも一般的に使われるようになった．日本でソーシャル・ネットワーキング・サービスと呼ばれる，インターネット上でメッセージや写真，動画などを共有し，多人数でコミュニケーションを行うことができるサービス（例：Facebook, Twitter など）が一般に広まり，今やスマートフォンは，現代人の社会生活にとってごくありふれた道具となっている．スマートフォンと同じ基本ソフト（Operating System, OS）を搭載した携帯型のタブレット・コンピュータも登場し，かつてパソコンだけが得意としていたワープロソフトや表計算ソフトなどのオフィス業務や，描画や画像，音楽や動画の処理などのマルチメディア編集作業も，タブレットやスマートフォンで行えるようになった．かつてはパソコンが主力で，スマートフォンやタブレットが補助的なものだったが，一般消費者の ICT 利用では，現在はそれが逆転していると言ってよいだろう．

　いずれにしても，Web 上の情報へアクセスする場合と同様に，電子メール，ワープロや表計算ソフトなどの文書データ，または電子書籍など，電子データの形式で提供されている情報を閲覧するためには，一般的にはスマートフォンやパソコンといった ICT（情報コミュニケーション技術：Information and Communication Technology, ICT）機器を使用する必要がある．誰もが情報に触れられるようにするためには，それら ICT 機器が，高齢者や障害者も使用することを前提に作られている必要がある．ICT 製品のアクセシビリティ（＝障害のある人も使用できたり情報を入手できる可能性）が確保されていないと，誰もが必要としている情報を，高齢者や障害者が得られないことになる．そのような結果にならないよう，スマートフォンやパソコン，公共端末などの ICT 製品では，アクセシビリティを確保するためのさまざまな仕組みが用意されている．本章では，それらの仕組みについて概観する．

2. スマートフォンやパソコンのアクセシビリティ機能

　スマートフォンは，現代に暮らす人々が情報にアクセスする上で，パソコンと並んで，最も一般的に使用している装置であると言っていいだろう。また近年，情報アクセシビリティへの配慮が一般化したことで，スマートフォンは，障害者や高齢者にとって，単に情報を提示するための装置という意味だけではなく，障害から生じるさまざまな困難を回避して，情報アクセスを助ける道具となっている。

　障害により，操作や情報を読み取る上での困難がある人の利用を助けるために，これまでさまざまな機器やソフトウェアが作られてきた。そのうち代表的なものは，コンピュータの基本ソフトの中に標準の機能として組み込まれており，誰もが利用できるようになっている。

（1）見えやすく，読みやすくするアクセシビリティ機能

　障害により，文字や写真を見て認識することに著しい困難のある人々がいる。高齢による視力の低下，弱視や全盲，読み書き障害，高次脳機能障害など，さまざまな障害でそうした困難が起こりうる。そうした人々がスマートフォンやパソコンなどを利用する際には，文字や表示の拡大などの画面表示を調整することが助けとなる場合がある。本節ではまず，画面の見た目を調整するアクセシビリティ機能を説明する。

(1) 画面を拡大する機能

　視力が低く，小さな文字や絵が見えにくいと感じる人がパソコンの画面の文字を読もうとしたとき，画面に目をぎりぎりまで近づけて，視野に占める文字の大きさをできるだけ大きくして読もうとすることがある。しかし，ぎりぎりまで近づけても，まだ見えにくさを感じることが

あったり，常に画面に目を近づけねばならないことで，キーボードの入力操作が妨げられることがある。そこで，画面の一部または全体を任意の倍率に拡大して表示できる機能を使い，本人にとって見えやすい大きさまで画面の表示を拡大することで，より見えやすく調整することができる。そうした工夫により，人によっては常に画面に極端に近づかなくてもある程度見えるようにできる場合もある。

　こうしたニーズに対応するために，iOS（スマートフォンのうちiPhoneと，タブレットのうちiPadで採用されているOS）やOSX（Apple社製のパソコンで使用されているOS）には「ズーム機能」，Windows（Microsoft社製の，一般的なパソコンやタブレットで最も広く使用されているOS）には「拡大鏡」と呼ばれるアクセシビリティ機能が備わっている。どちらも，画面全体を任意の倍率に拡大することができる機能である。

　さらに，スマートフォンのカメラが今まさに写している対象や場面を，画面上で拡大して表示することで，スマートフォンを高性能な電子ルーペとして使用する機能も備わっている。iOSで「拡大鏡」と呼ばれている機能がそれである（図8-1）。カメラが写している範囲を拡大するほか，色を白黒反転させたり，好みのカラーフィルターをかけたような効果を与えたり，コントラストを高くして見やすくしたりといった多く機能を備えている。この使用方法は，ICTのアクセシビリティを向上させるために備えられた機能が，カメラ機能と組み合わせることで，ICTではなく実世界のアクセシビリティを向上させるための支援技術（assistive technology）としても役立てられるようになったことを示す好例である。

図 8-1　iPhone で拡大鏡機能を使い，書籍の文字を拡大し，白黒反転させて表示させている様子

（筆者撮影）

(2) 画面表示のコントラストや色味を調整する

　スマートフォンやパソコンの画面表示の様式は「白地の背景に黒い文字が表示される」形式が一般的である。白地に黒文字は，ワープロの文書や Web ページの文書も，紙にならって白地に黒となっていることも多く，多くの人々になじみ深いものである。しかし，視覚障害のある人々にとっては，白地に黒という様式が見ることの障壁となる場合がある。例えば，白内障によりまぶしさを感じやすい人では，輝度の高い白い背景に黒い文字が表示されている場合，文字がにじんで非常に見えにくいことがある。そこで背景を黒に，文字を白や黄色に変更するなど，背景や文字の対比（コントラスト）をその人にとって見えやすいものに調整することで，通常の配色では見えにくさを感じる人のニーズに応え

ることができる。Windowsには「ハイコントラスト」，OSXには「カラーを反転」「グレースケールを使う」「コントラストを強調」と呼ばれるアクセシビリティ機能があり，画面表示を個々人のニーズに合わせて調整することができる。

　スマートフォンやタブレットでは，例えばiOSでは，「ディスプレイ調整」というアクセシビリティ機能がある。この機能を使うと，色を反転させることができるほか，「カラーフィルター」の機能を使って画面全体をグレースケールの色のない表示に変更したり，色覚異常があり，画面に表示されている色の違いが見分けにくい人にとって見やすいカラーリングにする機能も備えている。

(3) 音声読み上げ

　視力が非常に低かったり，目は視覚的には見えていても，文字を認識することに障害のある人では，拡大やコントラストなど画面の見た目を調整しても，読むことがなお難しい人々がいる。そうした場合も，表示されている文字情報を，スマートフォンやパソコンに音声で読み上げさせることで，内容を確認するという方法がある。そうすることで，ちょうど文書を誰か見える人に頼んで代読してもらうように，耳で聞いて内容を理解することができる。学習障害，特にディスレクシアと呼ばれる読字障害や，高次脳機能障害による失読，身体の麻痺などにより眼球の動きをコントロールすることに困難がある場合など，視力そのものに障害がなくとも，文字の認識が困難になる障害は多数ある。

　そのため，iOSには「スピーチ」と「VoiceOver」，Windowsには「ナレーター」，OSXには「VoiceOver」と呼ばれるアクセシビリティ機能が備わっており，画面に表示されている文字情報を音声に変換して読み上げることができる。したがってスマートフォンでも，例えばiPhone

で VoiceOver を使うことで，画面が全く見えなくても音声だけで内容を把握し，操作することができるようになる。

（2）操作や文字の入力を助けるアクセシビリティ機能

　スマートフォンやタブレットには，一般的には物理的なキーボードやマウスは備わっていない。そのため，タッチパネルと呼ばれる画面を指先でタッチすることで，あらゆる操作を行う。キーボードも画面上にキーボードが表示され，それをタッチすることで入力する場合が多い。また，私たちがパソコンを操作するときには，キーボードやマウスを使って操作することが一般的だ。特に，キーボードとマウスは，伝統的に長い歴史を持ち，パソコン操作で現在でも広く使用されている。ところが，これらタッチパネル操作やキーボードとマウスによる操作は，基本的に「手指の動作に障害のない人が操作すること」を前提として設計されたものである。そのため，手指に欠損があったり，手指を随意に動かすことに困難のある人では，タッチ操作でスマートフォンを操ったり，キーボードやマウスによりパソコンに操作を加えることができないか，非常に難しくなる場合がある。そのため，障害のある人がタッチパネルやキーボード，マウスを利用する際の助けとなるアクセシビリティ機能が，スマートフォンやパソコンの標準機能として複数用意されている。

(1) 音声認識

　近年の ICT の操作における大きなブレイクスルーの一つは，音声での文字入力を可能とする音声認識技術の進歩である。音声認識技術自体は，1970年代から技術的研究や製品開発も行われてきたが，認識率はそれほど高いとは言えず，一般の人々が利用する技術にはなってこなかった。ところが2010年代に入り，ディープラーニング技術による音声の音

響モデル解析が劇的に進歩したことと，携帯電話ネットワークによるインターネット通信の速度向上により，データ量の大きな人間が発生した音声データを，スマートフォンを通して多くの人々から収集し，ビックデータとして解析できるようになったことから，音声の認識率が急激に向上した。その結果，音声入力は，キーボードに代わる文字入力の方法として実用化し，現在ではインターネットでの検索のキーワードを入力する際に音声で入力して検索することは一般的な風景となった。

　障害のある人々にとって，キーボードを使わなくても音声認識により文字を入力できることは利益となる。まず，肢体不自由があり，キーボードを利用することが難しい人にとっては，文字入力を代替する手段となり得る。加えて，近年，パソコンでもスマートフォンでもない，音声認識と音声読み上げで音声認識により自然な言語で人間と対話できる機器（例：Amazon Echo や Google Home）が登場した（図8-2）。スピーカーとマイクだけで構成され，ディスプレイもキーボードも持たないこれらの機器は，人間が音声で命令して，音楽をかけさせたり，明日の天気を聞いたり，通信販売の注文をしたりと多彩なことができる。それに加えて，エアコンやテレビ，照明のオンオフや操作に対しても，赤外線リモコンと組み合わせることで，「エアコンつけて」，「テレビNHKにして」と音声で命令して操作ができる。以前から，肢体不自由があり，エアコンや照明，テレビなどの環境調整機器を自分で操作することが難しい人向けの，専用の特殊な福祉機器が販売されていたが，近年では，それがこれらの一般向け製品によって可能となってきている。

　さらに，聴覚障害のある人にとっては，目の前で音声で話している人の発話の内容を音声認識させることで，文字として発話内容を読んで確認することができる。この点で，音声認識も，ICTのアクセシビリティを確保するための機能という枠組みを超えて，現実世界のアクセシビ

図 8-2　Google Home
＊Google, Google Home は, Google LLC の商標です。
(提供：グーグル株式会社)

リティを向上させる支援技術として、実用的に利用されるとものとなっている。

(2) 複数のキーの同時押しを助ける機能

　音声認識が実用的に利用できるようになった現在でも、キーボードは入力装置として欠かせないものであることに変わりはない。手指に欠損があることで、キーボードを使用するときに指一本しか随意に使うことができない人がいる。または、頸髄(けいずい)損傷などで上肢を含め首から下を動かすことができない場合、口に棒をくわえてキーボード操作をする方法が用いられることがある（こうしたニーズのためにマウススティックと呼ばれる専用の製品も販売されている）。しかしながら、キーボード操作では、複数のキーを同時に押す必要がある場面も多い。例えば、英文

字で大文字を入力する場合には，「Shift（シフト）」キーを英文字のキーと同時に押す必要がある。他にも，「Control（コントロール）」キーや「Alt（オルト）」キー，「Windows（ウィンドウズ）」キーなどの「修飾キー」と呼ばれる特殊キーと，通常の文字キーを同時に押す操作や，複数の修飾キーを組み合わせて同時に押すような操作が，特にパソコンを操作する上で必要となる場面は多い。

　そうしたときにも自分一人で操作ができるように，Windows や OSX などの基本ソフトには，複数キーの同時押しを支援するアクセシビリティ機能が用意されている（iOS などのスマートフォンやタブレットにも外付けのキーボードを接続することができるため，同様の機能がある）。Windows では「固定キー」，OSX や iOS では「複合キー」と呼ばれる機能がそれに当たる。この機能を有効にすると，修飾キーとその他のキー（または他の修飾キー）を別々に押しても，それらが連続して押されれば，パソコンからは同時に押されたと認識されるようになる。例えばシフトキーを何か別のキーと同時押ししなければならない場合を考えてみよう。このアクセシビリティ機能を有効にしてから，Shift キーを一回押すと，シフトキーが押したまま固定される。その後，例えば「a」の英文字キーを押すと，パソコンからは「シフトキーと a が同時押しされた」と認識される。従って，大文字の「A」が入力される。また，さらに使い勝手をよくするための工夫として，修飾キーを二回連続して押すと，その修飾キーは押し下げられたまま固定されているとパソコンからは認識されるようになるといった機能も備わっている。

(3) 間違ったキーを押したり，繰り返し同じキーを押さないようにする機能

　身体に麻痺があり，思うように手指を動かすことが難しかったり，加齢や病気，障害による振戦(しんせん)があり，手指の震えが大きくそれを抑えることが難しかったり，または不随意運動があり，手指が頻繁に思わぬ方向へ動いたりと，手指のコントロールには障害に関わるさまざまな困難がある。そうした困難があるとき，キーボードを操作する際には，押そうと思っているキーとは無関係なキーを間違って押してしまったり，一度押したキーからすぐに手を離して素早く次のキーに移動するとことが難しくなり，同じ文字が画面に何度も繰り返し入力される，といった望ましくない結果となる。

　そこで，Windowsでは「フィルターキー」，OSXやiOSでは「スローキー」と呼ばれるアクセシビリティ機能が備わっている。これらの機能を有効にすると，キーボード上のすべてのキーが，少し触れたくらいでは反応しなくなる。目的のキーをしっかりとしばらくの間，押し続けることで，ようやくそのキーが入力されるように設定が変更される。結果として，目的のキー以外の周辺のキーに間違って触れてしまっても，それらのキー入力は無視されるようになる。このアクセシビリティ機能により，入力速度はゆっくりになるが，確実に目的のキー入力を行うことを支援することができる。

(4) キーボードが操作できなくても，マウスだけでキーボードを操作できる機能

　キーボードという装置は，一般的に幅が45センチメートルほどの大きさである。このサイズは，障害のない人々にとってはちょうど良いサイズと思えるものかもしれない。しかし，例えば肢体不自由があり，手や

腕，指の可動範囲がとても狭くなっている人にとっては，キーボード上に広がったキーを，端から端まで腕や指を持っていって押すことが大変難しい場合がある。

　また，一般的なマウスにも同じような傾向がある。手や腕の可動範囲が狭くなっている場合，マウスを机上で自由に動かして，マウスポインター（パソコンに画面上に表示されるマウスの入力位置を示す矢印などの形状をしたマーク）を狙った場所へ動かすことが難しい。しかし，キーボードと違い，マウスにはさまざまなバリエーションがある。例えば，ノートパソコンに備わっていることの多い「タッチパッド」と呼ばれる装置がある。これは，平板なセンサー面に指を触れたまま動かすと，その動きに合わせて画面上のマウスポインターを動かすことができる装置である。また，その他のマウス製品で，「トラックボール」と呼ばれる製品もある。この製品では，指先などの動きでボールを動かすと，その回転方向に合わせてマウスポインターを動かすことができる。このように，マウスは，指先をわずかに動かす程度でマウスポインターを操作することができる製品があるため，肢体不自由のために可動範囲が狭くなっている人でも使用できる場合がある。

　そこで，マウスの操作だけで，キーボード上のすべてのキーを入力できるようにするアクセシビリティ機能が用意されている。Windowsでは「スクリーンキーボード」と呼ばれる機能がそれに当たる。これらの機能を有効にすると，**図8-3**のように，パソコンの画面上にキーボードが表示され，それらをマウスポインターでクリックすることによって目的のキーを入力することができる。

　さらに，筋力の極端な低下などの理由で，指先を動かすことはできても，マウスボタンを押し下げることが難しい人などのために，Windowsのスクリーンキーボードには，目的のキーの上でマウスポインターをし

図 8-3　Windows でスクリーンキーボードを使って文字入力している様子
(著者撮影)

ばらく停留させておくと，自動的にそのキーが入力される機能も備わっている。

(5) 単一のスイッチ操作だけでキーボード操作ができる機能

　肢体不自由のある人には，例えば指先の一部分だけを随意に動かすことができ，1つのスイッチを押し下げることはできるが，手指全体を自在に動かして，マウスを操作したり，キーボード上のさまざまなキーを押したりといったことが難しい人がいる（同時に，そのような人々では，音声の発話も難しい場合があり，音声認識を利用することができない場合がある）。Windows のスクリーンキーボードや，OSX や iOS の「スイッチコントロール」機能を使うと，そのような場合にも，単一のボタン（マウスボタンのクリックやキーボード上のスペースキー，ゲーム用

のコントローラーや特殊なスイッチなど）の操作だけで，キーボード上のすべてのキーを入力することができる。この機能を有効にすると，一回ボタンをクリックすると，スクリーンキーボードの一部の集合がハイライトされ，その部分が自動的に移動していく。目的のキーが含まれた部分がハイライトされたら，もう一度ボタンを押すと，さらに絞り込まれたいくつかのキーの集合がハイライトされる。この操作を数回繰り返すことで，目的のキーそのものがハイライトされた際にボタンを押すと，最終的にそのキーが入力される。この工夫により，1つのボタン操作だけで，すべてのキーを入力することができる。つまりこの機能によって，スマートフォンやタブレット，パソコンを，スイッチ1つの操作でコントロールできるようになる。加えて，特にiOSとOSXの機能は，標準の「スイッチコントロール」機能が非常に高機能で，キーボード入力だけではなく，コンピュータの操作全体を，1つのスイッチを押す動作だけで操作できるように工夫されている。

（3） マウスの操作を助けるアクセシビリティ機能

(1) マウスを使わず，キーボードだけで操作できるようにする機能

　身体に障害のない人にとってみれば，マウスは確かに便利な装置である。画面上にある，操作を加えたいと思った場所にマウスポインターを動かして，直接そこをクリックすることで，思い通りに直感的な操作を行うことができる。しかし，肢体不自由のためにマウスを操作することが困難な人や，視覚に障害があり，マウスポインターが画面上のどこにあるのかを確認することが難しい人にとっては，マウス操作でしか操作できないようにパソコンが設計されていた場合，パソコン自体を使うことができなくなってしまう。

　そこで，代表的な基本ソフトには，マウスを使わなくても，キーボー

ドの操作だけですべての操作ができるアクセシビリティ機能が用意されており，Windows では，「キーボードナビゲーション」，OSX では「フルキーボードアクセス」と呼ばれている。例えば Windows では，通常であればマウスのクリック操作で開かれることが多いメニュー項目も，Windows キーや Alt キーを押すことで開くことができるように配慮されており，また，メニュー項目内の特定の項目を矢印キーや Tab（タブ）キーで選択し，Enter（エンター）キーで決定するといった操作ができるようになっている。

(2) キーボード入力でマウスを操作できる機能

　キーボードナビゲーションのような機能が用意されていたとしても，マウスを使った方が便利にパソコンを操作できる場面は存在する。例えば，インターネット上の Web ページを閲覧する際のことを考えてみよう。一般的に，Web ページでは画面のそこかしこに，別のページへ誘導するためのリンクが貼られている。キーボード操作だけで目的のリンクにたどり着くためには，何度も繰り返し Tab キーを押すなどの操作が必要となる。また時には，キーボードだけでは操作を加えることのできないリンクなども存在する。こうした理由から，例えば頸髄損傷による四肢麻痺があり，通常はマウススティックを使っている人など，肢体不自由により一般的なマウス装置を操作することが難しい人の場合でも，マウスを使えた方が便利な場面がある。

　そのようなニーズに応えるために，Windows や OSX には，「マウスキー」と呼ばれるアクセシビリティ機能が用意されている。この機能を有効にすると，マウスポインターをキーボードで操作できるようになる。具体的には，キーボード上のテンキーと呼ばれる数字キーでマウスを動かしたり，クリックするといった操作を行うことができ，「5」を除く

「1～9」の数字キーでマウスを八方向に動かし，「5」でクリックすることができる。他にも，「0」でドラッグ（ホールドする…マウスボタンを押し下げたままにする）し，「．（ピリオド）」でドロップ（リリースする…押し下げていたマウスボタンを離す）するなど，マウスポインターをキーボードだけで操作する上で便利な機能が備わっている。

(3) マウスポインターを見失わないよう助ける機能

　タッチパネルのように，画面を指で直接触って操作する場合を除いて，マウスなどの装置を使ってパソコンを操作する場合，マウスポインターは，ユーザー自身が画面のどの部分を操作しているかを把握するためになくてはならないものである。しかしながら，マウスポインターは一般的にサイズが小さく見落としやすい。さらに，視覚に障害があったり，注意をどこに向けるかの制御に障害がある場合などは，見落とす可能性はさらに高くなる。そこで，マウスポインターの表示に工夫を加えて，見失わないように助けたり，見失ったときに発見しやすくするアクセシビリティ機能がある。

　Windowsでは，マウスの設定（マウスのプロパティ）画面で，マウスポインターのデザインを変更してサイズを大きくしたり，マウスの動く軌跡を表示させたり，コントロールキーを押したときにマウスポインターのある位置を強調表示させるように設定できたりと，いくつもの方法でマウスポインターを見失わない工夫ができる。MacOSXでも，マウスのカーソルを大きく拡大することができる。

3. さまざまな支援技術製品

　本章では，スマートフォンやタブレット，パソコンのアクセシビリティ機能を例として，ICT のアクセシビリティについて説明した。しかし，それらの OS 標準のアクセシビリティ機能は，障害者にとって，非常に重要ではあるが，それだけで障害のある人々のニーズに完全に応えられるわけではない。実際には，多様な障害のある人々の個々のニーズに応えることを目的として開発された，きわめて多様な支援技術製品が市販されている。

　例えば，通常のマウスやキーボード以外の，支援技術製品の代表的なものとして，①特殊なスイッチなどのインターフェース，②音声読み上げ，音声入力，スクリーンリーダー製品群，③点字インターフェースなどが挙げられる。

　①については，四肢麻痺などがあり，通常のマウスやキーボードが使用できない人のために，随意に動かすことができる身体の部位で押すことができるスイッチ（例：大きく押しやすいスイッチ，小さく指先で操作できるスイッチ，まばたき動作，握る動作，紐を引く動作などで操作できるスイッチ，人間の呼吸の，呼気や吸気でオンオフできるスイッチ，または筋肉の電位や脳波で操作できるスイッチなど，非常に多様なスイッチ）が市販されている。②については，OS 標準の読み上げなどの機能よりも，さらに細かく見た目や読み上げの方法を設定できる専用のソフトウェア製品が市販されている。

　例えば，スクリーンリーダーの代表的な機能として，「詳細読み」という機能がある。詳細読み機能とは，例えば，「障害」と入力すると「障害物のショウ，災害のガイ」と読み，「渉外」では「団体交渉のショウ，外国のガイ」のように読み上げる機能である。使用者はそれを聞いて正

図8-4　点字ディスプレイ

(提供：ケージーエス㈱)

しい漢字を選ぶ判断ができる。つまり，全盲の人でも，詳細読みを使えば，ワープロやメールソフトを使って漢字仮名交じりの文章を作成することが可能となる。

　③は，図8-4のように，ディスプレイに表示された文字列を，指先などで触って読むことのできる点字に変換して表示する専用の装置である。小さなピンが埋め込まれていて，それらが画面表示に合わせて飛び出すことで，文字を点字に変換して表示することができる。また，紙に触って読むことのできる点字を印刷することができる点字印刷専用のプリンターもさまざまな製品が存在している。

　ここで紹介したものにとどまらず，支援技術として世界中で活用されている製品は非常に多種多様である。標準のアクセシビリティ機能に加えて，これらの支援技術製品を活用することで，さまざまな障害から生まれる多様なニーズのある人々が，ICTを活用することで，教育，就労，

生活などさまざまな社会的場面へ，自立して参加することを支援することができる。今後，こうしたニッチな目的に対応した製品は，一般製品の標準のアクセシビリティ機能がどんどん充実していくことで，やがて目的を失い，市場から淘汰されていくことも予想される。しかし，音声読み上げ機能のように，元々は障害のある人のための機能として開発されたものが，現在では多くの人々にとって便利な機能として使われるようになったように，一般の人々のICT利用に，障害者のニーズの側から，新しい活用法のヒントやアイデアを与えるものとなるかもしれない。

4. なぜアクセシビリティ機能が存在するのか

　本章で紹介したアクセシビリティ機能がパソコンやスマートフォンの「標準機能」として用意されていることには，米国の法律であるリハビリテーション法508条（以下「508条」と略す）が深く関わっている。508条は，第4章で詳しく解説されているように，米国の障害者差別禁止法の一つである。この法により，米国政府は，機器を調達する際，障害があっても使用できるように配慮されたものでなくては採用することができない。そのため，米国内の企業が開発する機器は，政府機関または政府予算により購入される場合を考慮して，障害者の利用を配慮したものも多くなる。

　元々，WindowsやOSXといったOSは，米国の企業により開発されたものである。もしも，これらが障害者の利用に配慮していない場合，米国政府で採用されるICT機器には，これらのOSを搭載できなくなってしまう。各企業は，単なる善意でアクセシビリティ機能を自社製品に備えているのではなく，企業の営利活動として，アクセシビリティ機能を自社製品に追加しているという意味もある。他者の善意だけに頼る

のではなく，法律という形で社会のルールとすることで，障害のある人もない人も同じ機会が得られるようにしようという社会設計の在り方が，ICT機器のアクセシビリティ機能の在り方にも表れていると言えるだろう。日本においては508条のような法律は現在のところ存在しないが，日本で利用されているWindowsなどのOSは，米国で利用されているものが日本語化されて輸入されたものであるため，間接的に508条の影響を日本も受けていることになる。日本でも，2016年に障害者差別解消法が施行され，障害者への差別禁止アプローチが採られるようになった。このことから，今後，日本でも508条のような法が作られる可能性もある。これまでの善意だけに基づいた配慮だけではなく，障害のある人もない人も平等に情報が得られるようにアクセシビリティを確保することの重要性が広く知られ，常識となる時代もやがてやってくるだろう。

参考文献・サイト

1. マイクロソフトアクセシビリティホーム
   http://www.microsoft.com/ja-jp/enable/default.aspx
2. アップルアクセシビリティ
   https://www.apple.com/jp/accessibility/
3. エーティースクウェアード（東京大学先端科学技術研究センター人間支援工学分野による支援技術データベース）
   http://at2ed.jp/

9 | コンテンツのアクセシビリティ

榊原直樹

《目標&ポイント》 Webコンテンツのアクセシビリティを確保するために必要な配慮について解説する。また，Webアクセシビリティは電子書籍などWeb以外のさまざまなコンテンツにも応用されていることについて解説する。
《キーワード》 Webアクセシビリティ，支援技術，X8341-3，評価方法

1. Webコンテンツアクセシビリティ

　何か情報を得たいと考えたとき，現在最も手軽に調べることができる手段はWebだろう。書籍や新聞・雑誌など従来のメディアに比べ，Webは誰もが情報発信ができる。また，作成や配信のコストが低いこと，修正などが簡単などの理由により，幅広い情報がWeb上にある。また，Webでは情報を得るだけでなく，ネットショップを通じて買い物をすることもできる。

　こうした情報やサービスを高齢者や障害のある人にも自由に利用できるようにすることは，重要な意味を持つ。視覚障害や学習障害などで，印刷された文字（墨字）を読むことが難しい人は，Webで配信される電子テキストをスクリーンリーダーと呼ばれるソフトウェアを使って，合成音声に変換し，文字を読み上げさせることによって耳で聞くことができる。視力の弱い人は，画面を拡大して文字を大きくして読むことが可能である。肢体不自由の人は外出することなく，家の中で買い物がで

きる。このように障害のある人にとって，Webがもたらすメリットは大きい。

　こうしたメリットを損なわないようにするには，コンテンツを作成するときにあらかじめ配慮が必要になる。コンテンツ（Contents）とはもともと「中身」や「内容」を意味する言葉だが，コンピュータ関連の用語としては，「メディアを通じてデータの形で提供される情報や知識」という意味で使われる。Webを通じて提供される情報の場合は，Webコンテンツと言う。

　Webコンテンツが高齢者や障害のある人を含む誰もが利用可能，つまりアクセスできる状態をアクセシビリティが高いというように表現する。Webのアクセシビリティを指し示す場合には，Webコンテンツアクセシビリティと言う。

（1）Webコンテンツアクセシビリティに関する規格・ガイドライン

　必要な配慮をまとめたガイドラインとして最も普及しているのが，W3Cが公開しているWCAG2.0である。W3Cとはワールド・ワイド・ウェブ・コンソーシアム（World Wide Web Consortium）のことで，インターネットで用いる規格を標準化している団体のことである。W3Cの中にはアクセシビリティを専門に議論するWAI（Web Accessibility Initiative）があり，ここが作成したガイドラインがWCAG2.0（Web Content Accessibility Guideline 2.0）である。

　WCAGは多くの国で標準的なアクセシビリティのガイドラインとして利用されており，デファクトスタンダードであると言えるだろう。

　WCAG2.0は1999年に公開されたWCAG1.0を基にして，2008年に公開された。WCAG2.0自体には法的な強制力はないが，さまざまな国でこのガイドラインを採用した法律が作られている。米国の場合は第5章で

紹介したように，政府調達にリハビリテーション法508条が適用される。その対象にはWebコンテンツも含まれる。508条では，Webコンテンツアクセシビリティを判断するために，以前は独自の基準を設けていたが，2018年に技術基準が改定された際に，このWCAG2.0が採用された。

日本の場合は，JISにX8341-3：2016「高齢者・障害者等配慮設計指針—情報通信における機器，ソフトウェア及びサービス—第3部：Webコンテンツ」というWebコンテンツのアクセシビリティについて，規定した規格がある。X8341-3：2016はWCAG2.0を基に作られた国際規格の「ISO/IEC 40500：2012」の一致規格として改正されたので，WCAG2.0と互換性のある規格になっているので，JIS規格に基づいて作成すれば，国際的にも通用するアクセシビリティを達成したことになる。JIS X8341-3：2016は日本工業標準調査会（JISC）のWebサイトで公開されており，本文を閲覧することができる。

なおWCAG2.0は2017年時点で，一部を改定したWCAG2.1と，大幅な見直しがされたWCAG3.0の検討が進んでいる。

（2）規格化のメリット

Webコンテンツのアクセシビリティガイドラインは世界的にWCAGに統一されつつある。これには次のようなメリットがある。

・Webという，地球のどこからもアクセスできるものに対して，複数のガイドラインがあると，作成者が混乱する。
・標準化することで評価が可能になり，アクセシビリティの向上につながる。
・現在の技術レベルに合わせて規格化されているので，どこまでアクセシビリティを担保すればよいのか判断する際の基準となる。

日本国内でも JIS X8341-3：2016のように規格化が進む一方で，法律的な整備は，米国などに比べて遅れている．しかし公共的な Web サイトに対する Web アクセシビリティのニーズはますます増えるだろう．そうしたニーズに応えるためにも，国内での法整備や調達の仕組み作りが求められる．

2. 支援技術

Web アクセシビリティを考えるに当たって，特に障害のある人は通常のブラウザだけでは Web を利用することができない．そのような場合，支援技術と呼ばれる追加のソフトウェアやハードウェアを利用することになる．こうした支援技術は障害のある人だけでなく，視力が低下した高齢者にとっても利用価値が高いものがある．ここでは支援技術のうち，特に Web コンテンツを利用する際に用いられるものについて解説する．

(1) スクリーンリーダー

スクリーンリーダーとは，画面上のテキスト情報を基に合成音声に変換することができるソフトウェアである．全盲の利用者はスクリーンリーダーによって，Web コンテンツを耳で聞いて内容を理解する．

スクリーンリーダーは画面上のすべての情報を利用者に伝えることはできないことに注意しなければならない．例えば現在のスクリーンリーダーは，画面上の文字情報だけしか音声化することができない．画像に何が写っているのかは分からない[1]し，画像の中に表示されている文字を理解して音声化することはできない．

そのため，コンテンツに画像を含める場合は，画像の代わりの情報（これを代替情報や Alt テキストと言う）を補足しておく必要がある．

---

(1) 人工知能の技術を応用して画像に写っているものを判別する技術をスクリーンリーダーに応用する研究が進んでいる．

スクリーンリーダーは代替情報がある場合，その内容を読み上げて画像に含まれる情報を補足する。

（2）画面拡大ソフト

画面拡大ソフトとは，コンピュータの画面を拡大して表示するソフトウェアである。拡大率はソフトによって異なるが，概ね100％から3,000％程度まで拡大できる。単純に画面を拡大するだけのソフトウェアから，高機能なものでは拡大した文字の縁をスムースにして見やすく表示してくれるものがある。

画面拡大ソフトにはその他にも弱視者の閲覧を補助する機能が付加されている。よく使用される機能に「画面反転機能」がある。弱視の人の中には，コンピュータの画面をまぶしく感じる人がいるため，画面のコントラストを反転させて表示し，まぶしさを軽減させることができる。

基本的な画面拡大ソフトは標準的なオペレーティングシステムには内蔵されており，ほとんどのコンピュータで利用することができるので，手持ちのコンピュータのアクセシビリティ機能に含まれるものを試してみて欲しい。第8章に詳しい解説がある。

3. Webアクセシビリティの基礎

Webアクセシビリティを高める具体的な方策は，先ほど紹介したWCAG2.0（JIS X8341-3：2016）を参照するとよい。WCAG2.0では，コンテンツのアクセシビリティを高めるために4つの原則（principles），原則に含まれる12のガイドライン（guidelines），そして61項目の達成基準（success criteria）が示されている。ここでは原則とガイドラインについて紹介する。

原則1：知覚可能

「情報及びユーザインタフェースコンポーネントは，利用者が知覚できる方法で利用者に提示可能でなければならない。」

1.1　すべての非テキストコンテンツには，拡大印刷，点字，音声，シンボル，平易な言葉などの利用者が必要とする形式に変換できるように，テキストによる代替を提供すること。

　例えば，スクリーンリーダーを利用しているユーザーが，音声でWebコンテンツを利用しているときに，画像に代替情報がなければ，ユーザーは情報を利用できない。画像のようにテキストではない情報（非テキストコンテンツ）には，利用者が必要とする形式に変換できるように，テキストによる代替情報を提供することが求められる。

1.2　時間依存メディアには代替コンテンツを提供すること。

　動画や録音のように，時間によって変化するメディアには，字幕や内容を書き起こしたテキストなどを付けることなどが求められている。

1.3　情報，および構造を損なうことなく，さまざまな方法（例えば，よりシンプルなレイアウト）で提供できるようにコンテンツを制作すること。

　スクリーンリーダーで読み上げる場合は，読み上げの順序も内容を理解するのに重要である。ページのレイアウトによっては，読み上げの順序が，意図したものと異なってしまう。ユーザーは視覚的なレイアウトによる文章の前後関係を知覚することができないので，シンプルなレイアウトでも利用できるようにしなければならない。

1.4　コンテンツを，利用者にとって見やすく，聞きやすいものにすること。これには，前景と背景を区別することも含む。

　スクリーンリーダーは画面のテキストだけを読み上げる。そのため強調したい場所を赤字で表記しても，その意図が伝わらない。色以外でも

情報が伝わるようにすることが必要である。

また，音声を使う場合は，利用者が聞き取りやすいように再生をコントロールできたり，ボリュームを調整できるようにしておくことが求められる。

原則2：操作可能

「ユーザインタフェースコンポーネントおよびナビゲーションは操作可能でなければならない。」

2.1 すべての機能をキーボードから利用できるようにすること。

マウスを利用できないユーザーもいるので配慮が必要なのである。

2.2 利用者がコンテンツを読み，使用するために十分な時間を提供すること。

時間制限を設けたり，タイミングに依存するようなコンテンツは対策を用意しておくこと。

2.3 発作を引き起こすようなコンテンツを設計しないこと。

強い点滅などはユーザーに健康上の問題を発生させることがあるので，避ける。

2.4 利用者がナビゲートしたり，コンテンツを探し出したり，現在位置を確認したりすることを手助けする手段を提供すること。

長いWebコンテンツを利用するときに，役に立つような仕組みを用意することが求められている。

原則3：理解可能

「情報及びユーザインタフェースの操作は理解可能でなければならない。」

3.1 テキストのコンテンツを読みやすく理解可能にすること。

スクリーンリーダーはWebコンテンツに用いられている言語の違いに合わせて読み上げ方が変わるので，プログラムが言語の種類を理解できるようにしておくことが必要である。

　また，内容が理解しやすいように，平易な文章を書くことも求められている。

3.2　Webページの表示や挙動を予測可能にすること。

　Webコンテンツを利用しているときに，急にページが変わったりするなど，利用者が予想できない動作をしないようにすることなど。

3.3　利用者の間違いを防ぎ，修正を支援すること。

　利用者が操作や入力を間違えたときに，操作を取り消したり，入力間違えを指摘するような仕組みを提供すること。

原則4：堅牢性

　「コンテンツは，支援技術を含むさまざまなユーザエージェントが確実に解釈できるように十分に堅牢（robust）でなければならない。」

4.1　現在および将来の，支援技術を含むユーザエージェントとの互換
　性を最大化すること。

　ユーザエージェントとは，利用者がコンテンツにアクセスするときに利用するソフトウェアやハードウェアのことを指す。この場合，Webブラウザやスクリーンリーダーなどが該当する。こうしたユーザエージェントがコンテンツを利用できるように，配慮して作成することが求められる。

4. Webコンテンツ作成時の配慮点

　WCAG2.0の原則を守るために，実際にHTMLやCSSでWebページを作成するときの配慮点を述べる。HTMLの仕組みやタグの意味，

Webページ編集ソフトの使い方などは割愛するので，それぞれ，専門の書籍を参考にしていただきたい。

(1) 文書の構造化

　Webコンテンツは構造化文書とも呼ばれる。文章にタグを付けることによって章見出しやリストを表現することができる。構造化された文書に対して，スタイルシートを指定することによって，ブラウザで表示される際の見た目を調整することができる。

　インターネットが普及し始めた初期のブラウザでは，表現力が低くタグの意味をそのまま見た目の表現に変換して表示していたが，そのため見出しを表現するhタグなどが文字の大きさを変える目的で利用されるなどの誤用が広まった。現在ではスタイルシートを使ったデザインが主流になり，こうした誤った使い方が減ったが，まだまだ誤用されている場合がある。

　文書の構造とスタイルを分けるメリットは複数ある。画面のレイアウトと文書構造を分けられるので，スクリーンリーダーで読み上げた際に，正しい文書構造を読み上げることができる。

　通常の画面デザインの場合，見た目でその文書の概要や要点などの構造が把握できるようにレイアウトを工夫したり，色や文字サイズを変えて強調するなど，見た目のデザインを工夫する。スクリーンリーダーはこうした見た目のデザインを音声に変換することができない。代わりにスクリーンリーダーはHTMLのタグの意味を理解し，文書の概要や要点が音声だけでも分かりやすいように，見出しタグの付いた文章だけを読み上げるなどの工夫をしている。

　Webページを表示する機器に合わせてスタイルを切り替えて表示することができるのも大きなメリットである。画面のサイズが小さなモバ

イル機器などでも，スタイルシートを切り替えることで見やすいレイアウトにすることができる。

（2）ブラウザ

　Webコンテンツを表示するためのソフトウェアがWebブラウザである。複数のブラウザがリリースされており，好みのものをインストールして使うことができる。どのようなブラウザでもHTMLの文法に従ってページを構成するため，多くのブラウザで正しく文書を表示するためには，正確なHTMLを書くことが最低条件である。

　この他，代替テキストを用意することが求められる。代替テキストとは，画像の意味を説明するための文章である。現在のブラウザの機能では，画像の意味を解釈することができない。そのため，あらかじめ画像に対して説明のテキストを持たせておくことが必要である。こうすれば音声ブラウザでWebコンテンツを読み込んだときに，画像を正しく理解して説明を読み上げることが可能になる。

　ブラウザでもう一つ注意しなければならない点は，リニアライズ（線形化）という考え方である。スタイルシートにより見た目のレイアウトを自由に変更できるメリットがあることは述べた。しかし元の構造化文書の順番は，理解しやすい順番で記述しなければならない。これは何らかの原因でスタイルシートが読み込めなかったときでも，正しく文書を理解できるようにするためである。Webページ編集ソフトを使って視覚的にページを作っていると，見た目の読み順と実際の読み順が異なることがある。音声ブラウザは元の文書の順番通りに読み上げるからである。二次元的なレイアウトを取り去り，一直線に文書を並べることをリニアライズ（線形化）と言う。Webコンテンツを頭から読んで意味が通じれば通常問題ない。

（3）デザイン

　ここまでの説明はどちらかというと音声ブラウザを意識したものだが，次は見た目のデザインについて解説する。

　まず色彩の問題がある。日本人男性の場合，人口の5％程度の人が赤と緑の色の識別が難しい。老眼や弱視の場合，淡い色使いでははっきり識別できないことが多い。特に，ハイコントラスト表示を使って画面を反転させている場合，元々のコントラストが低いと反転しても見えない場合があるので注意が必要である。

　色の問題は，画像を使うときはさらに慎重にしなければならない。Web コンテンツの場合，背景色と文字色の間のコントラストが低くても，スタイルシートで指定したものであれば，シートを変更するなどの方法で，コントラストを高くすることができる。しかし画像に関してはその方法が適用できない。特に文字の入った画像の場合，あらかじめコントラストが高くなるようにデザインしなければならない。

　レイアウトも操作性に影響を与えるので，注意が必要である。Web コンテンツで操作が多いのはリンクをクリックする操作だが，このときにリンク同士の間隔を適切に設計することが必要である。リンクとリンクの間隔が広すぎたり，あるいは逆に狭すぎたりすると，マウスを操作するのが苦手な人にとって大変である。またリンクの順番も大切である。スクリーンキーボードなどでブラウザを操作している場合，リンクが多いと，目的のリンクにたどり着くまでに時間がかかるため，よく使うリンクは文書の先頭に配置するなどの配慮が必要である。

（4）マルチメディアコンテンツ

　インターネットの接続速度が向上したおかげで，音声や動画を記録したファイルを Web で公開する機会が増えてきた。こうしたマルチメデ

ィアコンテンツを公開する際には，その内容を説明するテキストを用意する必要がある．

音声ファイルの場合，耳の聞こえない人は内容を理解できないので同等の内容をテキストにして別に用意しておく必要がある．

動画の場合，視覚に障害のある人の場合のために画面に表示されているものを説明する音声解説を用意する必要がある．また聴覚に障害のある人のために，字幕を付ける必要がある．

5. Web アクセシビリティの評価

4節で解説した配慮点に従ってWebコンテンツを作成したら，次はアクセシビリティの高いページができたかどうかを評価する．

(1) プロセス

省庁や自治体のように公共性が高く規模の大きなWebサイトを評価するときには，その運用のプロセスが定められている．総務省が作成した「みんなの公共サイト運用ガイドライン（2016年版）」では，Webサイトの企画から設計・製作，アクセシビリティのチェックと結果の反映というサイクルが定義されている．この中でJISに基づく試験の方法が明記されているので，公共サイトの評価を予定している人は，こちらを参照すること．

(2) チェックツールによる評価

初めに確認するのはWebコンテンツとして正しいかを確認することである．文法的なエラーが含まれているとブラウザによって，表示が異なったりレイアウトが崩れるなど正しく表示されない．HTMLとスタイルシートのそれぞれについて，W3Cが開発したチェックツールがあ

るので,それらを使って確認する。

The W3C Markup Validation Service http://validator.w3.org/
W3C CSS 検証サービス http://jigsaw.w3.org/css-validator/

文法的に正しい場合,次にアクセシビリティ上の問題を確認するために,専用のチェックツールを利用する。
「miChecker」(エムアイチェッカー)は総務省が無償提供するチェックツールで,「みんなの公共サイト運用モデル」に含まれるチェックの一部を実施することができる。それは画像などに付与する代替テキストの記述が正しい内容であるかどうかを,プログラムで判断することができないからである。このように,チェックツールにはまだ,アクセシビ

図9-1 miChecker の画面
(出典:放送大学ホームページを miChecker でテストした結果を基に筆者作成)

リティ上の問題をすべて自動で確認することができず，人間が確認しなければならない部分が残っている。

(3) スクリーンリーダーによる評価

　チェックツールで確認ができない問題点の一つは，代替テキストの記述内容が適切であるか確認する必要があることである。ツールでは代替テキストの有無は判断できるが，その内容が正しいかどうかを判断するためには人間が代替テキストを読んで確認しなければならない。また線形性が確保されているかを確認するためにも，一度，スクリーンリーダーで読み上げた内容を聞き，音声だけで内容が理解できるかどうか確認するとよい。

(4) 利用者による評価

　最も効果的なアクセシビリティの評価は，高齢者や障害のある人に操作してもらい，その様子を観察したり，操作後にインタビューをして問題点を発見する方法である。

　製作者は自分作ったWebページに対して先入観を持っているため，客観的な評価をするために，第三者に確認してもらうことは非常に意義がある。また普段から音声ブラウザを使い慣れているユーザーは，アクセシビリティ上の問題について多くの経験を持っており，一般の人に比べて問題点に気がつきやすい。

6．広がるコンテンツのアクセシビリティ

　電子コンテンツはWebだけに限らず，電子書籍やネット配信のビデオなど，さまざまなものが利用できるようになってきた。特に障害者の利用を想定した電子コンテンツの規格にDAISYがある。"Digital

Accessible Information System"の略で，日本では「アクセシブルな情報システム」と翻訳されている。

　DAISY は視覚に障害のある人など，印刷物を読むことが難しい人のために，デジタルの録音図書の規格として作られている。現在は W3C の XHTML 規格に対応し，録音した音声以外にもテキストや動画，画像など各種のマルチメディアコンテンツに対応し，音声とテキストや動画を同期して表示することができるので視覚障害者以外にも，学習障害，知的障害，精神障害の人にとっても有効であることが認められている。

　こうしたコンテンツは，作成する際にアクセシビリティを配慮しておけば，多様なユーザーが利用できるようになる。ここで配慮するべきポイントは，本章で紹介した Web コンテンツアクセシビリティの配慮点と同様である。Web に限らず，今後のコンテンツ作成の際には，アクセシビリティを考慮し，多様なユーザー，多様なデバイスに対応していくことが求められる。

　コンテンツのアクセシビリティに関する条約として，2013年6月にモロッコのマラケシュで採択された「盲人，視覚障害者その他の印刷物の判読に障害のある者が発行された著作物を利用する機会を促進するためのマラケシュ条約（以下マラケシュ条約）」がある。2016年9月に発効し，日本も2018年4月に国会承認が行われ，これに合わせて2019年1月から著作権法の一部改正が行われる予定である。

　日本では以前から著作権法により視覚障害者らが著作者の許諾を得ずに点字や録音図書などに複製できるようになっていたが，肢体不自由者や学習障害のある人は対象外であったが，改正により視覚障害者以外でも，読むことに困難を抱える人が含まれるようになった。

　また，マラケシュ条約では，各国の権限を与えられた機関（点字図書館など）が複製物を，国境を越えて交換することを可能としている。こ

れにより，他国で点字化された書籍などを利用することができるため，複製物作成の負担を下げると共に，より多くのコンテンツを提供することが可能になるだろう。

参考文献・サイト

1．日本工業標準調査会（JISC）：http://www.jisc.go.jp/
2．JIS X8341-3：2016（JISC のデータベースから X8341-3 で検索）
3．みんなの公共サイト運用ガイドライン（2016年度）
  http://www.soumu.go.jp/main_sosiki/joho_tsusin/b_free/guideline.html
4．松原聡編著（2017）『電子書籍のアクセシビリティの研究―視覚障害者等への対応からユニバーサルデザインへ』東洋大学出版会

10 | 教育のユニバーサルデザインと合理的配慮

近藤武夫

《目標＆ポイント》 障害のある児童生徒・学生が教育機会に参加する際，ICTや人的支援の活用が不可欠となるケースがある。ICT利用を認めるといった個別の調整を行うことは，莫大(ばくだい)にコストがかかったり，何らかの調整を行うと教育の本質的な目的が損なわれるなど，不適切なものとならない範囲で，学校が義務または努力義務として実施しなくてはならないこと（合理的配慮の提供）が制度的に定められている。教育での合理的配慮とは何か，試験や教室での配慮が進む日米の合理的配慮の実例を題材に紹介する。

《キーワード》 教育のアクセシビリティ，合理的配慮，不当な差別的取扱いの禁止

1. 教育機関と障害者

日本の初等中等教育過程には約1,325万人（小学校約645万人，中学校約333万人，義務教育学校約2万2千人，高等学校約328万人，中等教育学校約3万人，特別支援学校約14万人：文科省・平成29年度学校基本調査より）の児童生徒がいる。これらの学校において，特別支援を要することから，個別の指導計画を必要とすると学校が判断している児童生徒数は，約54万4千人（小学校約40万4千人，中学校約12万3千人，高等学校約1万6千人：文科省・平成28年度特別支援教育体制整備状況調査結果より）である。つまり，約4％の児童生徒が，特別支援教育を必要

としていると学校が認識していることになる。一方，日本国内には約1,200の高等教育機関（大学，短期大学，高等専門学校）があり，およそ320万人の学生が在籍している。そのうち，およそ2万7千人，0.87％が，教育機関側が把握している障害のある学生（以降，「障害学生」とする）であるという統計が報告されている（日本学生支援機構，2017）。

　初等中等教育機関における特別支援のニーズや，高等教育機関での全学生に占める障害学生の比率が，一般的に言って高いと考えるか低いとするかを論じることは難しい。しかし，少なくとも米国の状況と比較すると，圧倒的に少ない人数と言える。米国の初等中等教育機関では，児童生徒の約14％に，個別教育計画（Individualized Education Plan, IEP：特別支援ニーズのある児童生徒個々人に作られるもの）がある（ED Data Express, 2015-2016）。また，米国の高等教育機関には，学部学生だけでおよそ1,900万人が在籍しているが，そのうちの10.8％，約200万人には何らかの障害があると報告されている（米国政府説明責任局，2009）。

　特別支援のニーズのある児童生徒の比率や，障害学生の在籍率に日本と米国で大きな差がある理由は何だろうか。その一つに，米国は，障害者が他の学生と平等に教育に参加する機会を保障する法制度を，早期（1970年代）から整備してきたが，日本は2016年に施行された「障害を理由とする差別の解消の推進に関する法律（以降，「障害者差別解消法」とする）」から，平等な機会保障の取り組みが始まったばかり，という点に違いがあることが挙げられる。

　例えば，肢体不自由があり，ペンでノートを取ったり試験の解答を記入することが難しい学生でも，ワープロを使ってそれらを書くことが許されていれば，障害は教育機会への参加を阻む障壁とはならない。また

視覚障害があり，教科書や試験の問題を読むことが難しい学生でも，教科書や試験を音声で読み上げる機器や誰かが代わりに読み上げてくれるような支援があれば，障害は障壁とはならない。このように，何らかの障害のために学習に困難があっても，障害のない学生とは別の，「個別の異なる手段」を使うことが認められれば，障害があっても学びの場に参加することができる。異なる学び方が認められることにより，障害のある児童生徒・学生が教育機会に参加できる可能性が広がることは，米国であろうと日本であろうと同じであると言ってよいだろう。

しかし，障害者差別解消法が施行される以前の日本では，一部の障害のある学生にとっては，他の学生とは異なる，別の手段を使うことは容易とは言えなかった。その一例として，日本の大学入試では，一般的に，視覚障害や学習障害などの障害のある学生が，音声読み上げや代読で受験することが許可されてこなかった，という歴史がある。例えば，独立行政法人大学入試センターが行う大学入試センター試験（以下，センター試験）には，障害者が受験する際の「受験上の配慮」を申請する仕組みが用意されている。その中には，別室での受験や，試験時間の延長，問題冊子の文字を拡大したり，点字にするなど，さまざまな受験上の配慮事項が挙げられている。しかし，音声読み上げソフトの利用や人間による代読は明記されていない（2018年2月時点）。センター試験の規定に従って特別措置を実施する大学がほとんどであるため，日本国内では，現在まで「音声での受験」という配慮は一般的とは言いがたい状況にある。しかし，このような配慮が得られない場合，障害者は高等教育機関で専門的な教育を受けたいと思っても，またその能力があったとしても，大学入試や日常の授業に参加することが非常に難しくなる。その結果として，教育を受ける機会は得られないことになってしまう。障害者にとって不可欠な配慮を否定することは，場合によっては「障害のある人は

教育機会に参加してはならない」と明言していることと同じ意味になってしまうことがある。障害を理由としてその人の社会参加を拒否していることになるため，障害を理由とした差別を行っていることと同様の意味合いとなってしまう。

しかし，2016年，日本でも，こうした不当な差別的取扱いを禁止する法制度が作られた。2006年，国際的な障害者差別禁止法である「障害者の権利に関する条約（以下，障害者権利条約）」が採択され，日本も2014年にこの条約を批准した。その後，2016年に障害者差別解消法が施行され，日本でも教育機関が提供する学びの機会から，障害があることを理由に排除されないよう権利保障する制度の整備が進んでいる。米国を中心とした欧米の教育機関で障害学生が受けることのできる配慮は，かつての日本では，一部の先進的な学校だけが同様のことに取り組むのみであった。しかし，障害者差別解消法以降，障害学生の学ぶ権利や学校でのさまざまな活動に参加する権利を保障することは教育機関の法的な責務となり，日本でも急速にその責務を果たすための体制整備が進みつつある。

2. 教育における合理的配慮とは

国連では，子どもの権利や女性の権利など，差別を受けたり，社会的に弱い立場に置かれやすい人々の権利を認める国際条約が作られてきた。障害者権利条約もその一つであり，締約国に障害者差別のないインクルーシブな社会を作ること，さまざまな障害のある人々の社会参加を保障することなどを求めている。また障害者権利条約では，「合理的配慮が提供されないこと」を障害者への差別として禁止している。以下に障害者権利条約での合理的配慮の定義を示す（下線は筆者による）。

「合理的配慮とは，障害者が他の者と平等にすべての人権及び基本的自由を享有し，又は行使することを確保するための<u>必要かつ適当な変更及び調整</u>であって，<u>特定の場合において必要とされるもの</u>であり，かつ，<u>均衡を失した又は過度の負担を課さないもの</u>をいう。」（障害者権利条約・外務省仮訳，2005）

合理的配慮は，障害を「社会モデル」として理解する考え方に基づいている。社会モデルでは，障害者の社会参加の困難は，個人に障害があることだけから生まれるのではなく，障害がある人もない人も等しく社会参加する機会が得られるように考慮されていない社会環境があるために起こると考える。障害者の参加を前提として社会を設計することは重要だが，たとえ設計が不十分であることなどから問題が起こったとしても，「必要かつ適当な変更及び調整」ができれば，障害から生まれる困難は起こりにくくなるか，軽減される。次に，「特定の場合に必要とされるもの」という一文は，個人ごとのニーズに合わせて，配慮を提供することを意味している。たとえ同じ障害種別であっても，一人ひとりの状況に応じて必要となる配慮は異なっているため，障害者個々人の要望への対応が必要であることを示している。最後に「均衡を失した又は過度の負担を課さないもの」と記載されている。配慮を提供する側がとても実現できないような莫大な負荷のかかる配慮を，障害当事者から求められた場合には，それを断ることもできる。ただし，個別ニーズへの配慮を障害者本人が求めているのに，何も配慮を提供しないことは，合理的配慮を提供しなかったこととなる。合理的配慮の否定は差別となるので禁止される。つまり合理的配慮を実現するためには，配慮を求める障害当事者と配慮を提供する側との間の話し合いに基づいて，納得と合意を形づくることが求められることとなる。

合理的配慮については，日本でも2011年8月5日に施行された改正障害者基本法で，新たに「合理的な配慮」という文言が明記され，それが提供されないことが差別とされている。合理的配慮は，障害者も参加でき，かつ不公平で過度の負担とならない配慮付きの教育を実現する鍵となる。しかし，どのようにして「合理的である」と合意を形づくっていくかは難しい問題である。そこで，以前から合理的配慮の考え方を採用してきた歴史がある米国の高等教育で，どのような支援が合理的配慮に当たるものとして提供されてきたのかを以下に例示する。これらの例を通じて，配慮の合理性について考えを深めてみたい。

3. さまざまな配慮の実例

（1）合理的配慮に関する米国の法制度

　米国では，合理的配慮に関する法制度が1970年代から作られてきた。まず，1973年のリハビリテーション法504条（以下，リハ法504条と略す）により，高等教育機関を含む政府から資金援助を受ける機関で，障害者（注：障害認定のある者で，その障害が直接影響する部分以外の点については能力のある者，otherwise qualified individuals with disabilities）への差別が禁止された。その後，1990年に成立した「障害を持つアメリカ人法（ADA）」では，米国社会全体での同様の障害者差別が禁止された。高等教育機関についても，私立大学を含めたより広い範囲の教育機関で障害者に対する差別が禁止された。

　これらの法律に基づいて，入学者選抜で障害者が差別されることが禁じられた。さらに，大学での教育プログラム，研究活動，職業訓練，住居，健康保険，カウンセリング，経済的支援，体育教育，運動競技，レクレーション，移動・交通，課外活動，その他の教育プログラムへの参加から障害者が除外されることが禁じられ，それらに教育機関が配慮す

る必要性が生まれた。その結果,さまざまな支援の提供が,合理的配慮として教育機関に求められるようになった。

しかし,これらの法律では,合理的配慮の具体的な内容を定めるようなことはしていない。なぜならば,必要となる配慮は,障害種別で決まるわけではないためである。また,ある特定の配慮が,すべての障害者への望ましい合理的配慮となるわけでもない。その学生が何の科目を学んでいるのか,ある大学の特定のコースで求められる学問的な能力はどの程度か,その学生の持つ障害の個々の状況はどのようなものか,それらの相互作用により,個々の事例で生まれる配慮ニーズは異なる。前述したように,合理的配慮の「合理性」を考えるためには,個別の状況を考慮しなければならないのである。

リハ法504条とADAにより,米国の教育機関には,合理的配慮の提供と,それにかかるコストを負担することが義務付けられている。しかし,障害学生から求められたことすべてを提供するように義務付けられているわけではない。むしろ,合理的配慮に含まれないことは,法律にもはっきりと示されている。リハ法504条では,「ある教育プログラムの在り方を本質的に変更してしまうこと」,「本質的な学問上の必要条件を低めたり,撤廃したりすること」,「金銭的または管理運営上,過剰な負担となること」は,合理的配慮に含まれない。また,「パーソナル・サービス」も合理的配慮に含めていない。そのため例えば眼鏡のような個別性の高い機器や,個別指導,普段の学習のための代読者などを高等教育機関が提供する義務はない。もちろん,このような規則は米国法が定める合理的配慮なので,日本でも全く同じ内容が合理的配慮とされるわけではない点に注意が必要だ。しかし,合理的配慮という考え方からは,障害者への「善意」ではなく,高等教育機関に,「法令の遵守」のために,合理的な範囲の配慮の提供が義務付けられている点を理解しておかねば

ならない。

　それでは，具体的にどのような配慮が「合理的配慮」として行われているのだろうか。以降の節では，高等教育機関で実際に行われている配慮の事例を紹介する。また米国では，合理的配慮を提供するために，専門性のある支援スタッフを配置した支援部署（以降，障害学生支援室）を学内に置くことが一般的である。本節では，米国の障害学生支援室で一般的に行われている支援を通じて，高等教育での教育機会に障害学生がアクセスする（参加する）ための合理的配慮の在り方について考える。

（2）試験の配慮

　たとえ十分な学力があっても，配慮が得られず大学入学試験を受験できなければ大学には進学できないし，たとえ大学の授業に参加できていたとしても，単位認定試験に参加できなければ，大学の卒業資格などを得ることはできない。そのため試験の配慮は，高等教育機関における配慮の中で最も重要なものの一つである。

　そのため，米国の高等教育機関では，障害学生の試験に関してさまざまな配慮を受けることができる。障害学生は，以下に代表的な配慮の例を示す。

①時間延長

　試験時間の延長は，米国の試験の配慮では一般的に行われる配慮の一つである。例えば，米国教育省の調査（National Longitudinal Transition Study-2, 2009）では，障害学生の68.2％が時間延長の配慮を受けたことがあると報告していた。日本の大学入試センター試験に近い位置付けにある，米国の大学入学学力試験であるSATでも，障害学生に対して，「1.5倍，2倍，またはそれ以上」の時間延長が申請できる（ど

の程度の時間延長が認められるかは，個々の学生の障害の状況により異なる）。

②別室受験

　障害学生には，配慮を受けることで別室での受験が必要となる場合がある。時間延長の配慮を受けるため，他の学生とは試験の進行が異なっていたり，ADHD（注意欠如/多動性障害）などの注意の障害により，騒がしい環境での試験参加が難しかったり，後述するパソコンなどの支援技術機器を使用する必要があったりと，理由はさまざまである。また，障害のない学生とは別室で受験した方が，本人にも，他の学生たちにも，または支援する大学側のスタッフにとっても，試験実施が円滑に進むとも言える。そのため，米国の大学では障害学生支援室が障害学生向けの専用の試験室を持っていることは一般的である。

③代読・代筆

　肢体不自由や視覚障害，または学習障害などの理由により，ペンと紙を用いた試験に参加することが難しい障害学生がいる。そのようなケースでは，人間の代読者や代筆者が，障害学生の代わりに問題を読み上げてくれたり，解答を口述筆記してくれるといった支援を受けることができる。やりとりに時間がかかったり，代筆者，代読者との口頭でのやりとりが必要となるため，実際には時間延長や別室受験と組み合わせて行われる場合も多い。

④通常の試験用紙ではない形式の試験

　印刷物障害（Print disability：肢体不自由や視覚障害，学習障害が主に含まれる障害）のある学生では，通常の紙の印刷物を読んだり取り扱

うことが難しい。しかし，通常の印刷物とは異なる形式が利用できれば，試験問題の内容にアクセスできる場合がある。そのようなケースでは，個々のニーズに応じて，文字や図を大きく拡大した拡大印刷の試験用紙，問題を読み上げた音声を録音したもの，点字などの代替形式の試験問題が用意される。

⑤支援技術の利用

　技術利用の配慮は，障害学生の自立という観点からも望ましいものと考えられている。問題用紙を拡大表示する拡大読書機を利用する，試験問題を電子データ形式で提供する。電子データがあることで，学生が音声読み上げソフトウェアを使って問題の内容を耳で聞いたり，文字サイズや背景色などの見た目を本人のニーズに合わせて調整できる。鉛筆で文字を書く代わりに，ワープロなどを利用する。これらの支援技術製品を障害学生支援室が大学の備品として用意している場合が多い。

⑥柔軟なスケジュール

　単位認定がレポートなどの課題提出で行われる際に，障害を理由とする困難から，他の学生よりも時間がかかる場合，レポートの提出スケジュールが遅れることを認めるなどが行われることがある。

（3）移動・建物アクセスでの配慮

　建物のバリアフリーに関しても，合理的配慮の範囲で障害者のアクセシビリティを保障する必要がある。しかし，単純に建物全体が車いすなどでもアクセスできるように，エレベーターやスロープを付けることを義務付ける，といったアプローチが採られるわけではない。「障害学生が高等教育機関の教育活動等に参加するために必要な範囲のアクセシビ

リティを確保する」という本質的な目的を満たすアプローチが取られる。したがって，例えば特別な事情によりエレベーターのない建物での授業や実習に，車いすユーザーの障害学生が参加する場合など，すぐにエレベーターを付ける工事に入るのではなく，その授業が行われる教室を車いすでもアクセス可能な1階のフロアに変更するなど，柔軟な対処が取られる。

しかしながら，結局のところは，最初からスロープやエレベーター，自動ドアなどの設備を充実させておいた方が，個別の調整が不要となり，結果として手間がかからず合理的である。そのため建物設備では，障害学生が何らかの形で目的の場所へアクセスできるバリアフリー設備が整えられている。合理的と考えられる理由は，多数の障害学生の支援にかかる人的な負担を低減することができたり，障害学生自身が人手を借りずとも自立して移動できるようになるためである。そのため，完璧なバリアフリー環境を追求するというよりも，最低限の範囲であっても，まずは確実にアクセスできる環境を確保するという考え方が取られる点に注意が必要である。

また，移動の支援についても，障害学生が大学キャンパス内を自立して移動できるように環境を整えることは行われるが，個別のガイドヘルパーを人的支援として付けるといったことは合理的配慮の範囲を超える「パーソナル・サービス」として捉えられるため，基本的には行われない。また，通学の移動についても，公共のバスなどがADAに基づき，大学とは別個に合理的配慮の範囲で障害者の利用を満たす必要があるなど，大学の合理的配慮の範囲を超えた支援となるため，基本的には大学が個別に通学の移動支援をするといったことは行われない。しかし，それはあくまでも合理的配慮の観点からの判断であり，何か個別の特別な事情がある場合や，大学が独自の障害者向け移動サービスを提供する取り組

みを行っている場合などは当然，この限りではない。

　また，車いすなどのユーザーでは，目的の場所へ移動するために特定の経路を通らなくてはたどり着けない場合があるため，車いすなどでの移動を支援するマップや情報提供を行う。同様に，視覚障害などのある学生のために，キャンパス内の建物名や教室名の表示を，点字やその他，障害学生にとってアクセスできる形式で提示することも一般的である。

（4）教室・授業での配慮

　教育活動の中心である授業に関しても，障害学生個別のニーズに基づいて，合理的配慮が提供される。具体的な配慮の内容は，個々の大学で障害学生支援室の代表者の責任の下，個々の障害学生，教員との間で合意形成される。そのため，合理的配慮として行われている環境調整のバリエーションは数限りないが，以下に一般的に行われることが多い合理的配慮の例について紹介する。

①録音，点字，電子ファイルなどでの資料，教科書の提供

　試験の項目で説明したように，印刷物障害のある学生にとっては，学習に用いる教材がアクセス可能なものでない場合が多い。そのため，障害学生支援室が障害学生のために教科書の電子化などを支援する（米国著作権法でも，著作者に許諾を得ずとも，障害者支援のためには書籍・資料を複製する例外措置が認められている）。大学の障害学生支援室が個別に電子化をするのではなく，政府が支援する障害者のための電子図書館（例：Bookshare.org）や，教科書出版会社の連合（例：AccessText Network）との協力で，円滑かつ迅速に障害学生のための教材入手ができる環境構築が行われてきている。

　また，教員が独自に作成して配布する印刷物については，障害学生に

あらかじめその電子データを渡すことで，音声読み上げなどの支援技術製品を活用して内容に障害学生自身がアクセスできるように支援する。

②手話通訳，文字通訳，FM 補聴システム

　聴覚障害のある学生のために，授業で話されている内容を手話通訳する。または，文字通訳（パソコンなどで，口頭で話されている内容をリアルタイムに文字起こしして障害学生に提示する）を提供する。

　教員などの発話が聴覚障害のある学生に聞こえやすくなるように，FM 補聴システムを用意する。

③ノートテイカー（代理でノートを取る人）の提供

　ノートテイカーとは，授業内容のノートを取る行為を代理で行う支援者のことを指す。聴覚障害学生はもちろん，肢体不自由のある学生や，学習障害による書字障害のある学生など，障害によりノートを取ることが困難な学生に提供される。基本的には，障害学生の横でノートテイカーがノートを付けるが，手書きではなくパソコンでノートテイクしたり，同じクラスに参加している他の学生のノートをコピーしたものが入手できるようにすることで対応する場合もあり，個別のケースにより異なる。いずれにせよ，ノートテイクは障害学生支援において非常に一般的な支援の一つである。

④映像資料に字幕を付ける

　聴覚障害などのある学生の利用のため，字幕の付いていないビデオには字幕を付ける。障害学生支援室がそうした作業を行うことは一般的である。また，米国ではテレビ放送やインターネットでの動画放送でも，ADA により字幕を付けることが義務付けられており，障害者の利用に

配慮して動画に字幕を付けることは一般化している。

⑤授業内容の録音や録画を許可する
　ノート作成などの記録に困難のある学生のためなど，個別のニーズに基づいて，合理的な範囲で録音や録画による記録を認める。

⑥授業登録を優先的に行うことを認めたり，出欠の自由度を高くする
　健康面の障害のある学生などのために，授業登録を優先的に行うことを認めたり，授業への出欠の自由度を高くするといった配慮が行われることがある。ただし，この点についても，必ずそれが行われるというわけではなく，個別のケースでの必要性に基づいて合理的な範囲で行われる。他にも，授業登録や各種の手続きなどで大学の特定の窓口に出かけなければ登録できないようにするのではなく，電子メールなどの形で遠隔から行えるようにするといった配慮も望ましい（近年では，授業登録の電子システム化が一般化し，次第にこうした問題は少なくなりつつある）。

（5）実験・実習での配慮

　実験や実習では，特殊な器具や装置，実験室を利用する必要があるため，障害学生にとっては修学上の困難が生じやすい。しかし，実験や実習であっても，それが高等教育機関で提供される教育プログラムである場合，合理的配慮を提供し，障害学生も排除されずそこに参加できるよう支援することが法令により求められる。

実験装置などのアクセシビリティの配慮

実験で用いる装置などの備品を障害者にとってアクセス可能なものにする。例えば，視覚障害などのある学生のために，音声で数値などを提示する機能のある温度計や計算機，触覚で表示が分かるタイマーや重量計などがある。また，聴覚障害のある学生のため，実験装置が発する注意喚起が，音だけでなく光などの表示でも行われるものとする場合もある。また，実験室や研究室などの警告表示，装置の名称のラベルなどを点字で示すなどの工夫も行われる。

肢体不自由などのある学生の実験などへの参加では，安全かつ実験への参加ができるように補助者を付けることもある。他にも，薬品などを扱う実験を行う研究施設には緊急シャワーが一般的に備えられているが，それを肢体不自由のある学生も使えるよう，引っ張って水を出すことができるような鎖を付けるなどの配慮を行うこともある。

また，研究用に用いるソフトウェアなどは，音声読み上げなどの支援技術製品と連携できるように準備するなど，障害学生でも利用できるように配慮が行われる。

4. 日本の現状との比較

以上に挙げた米国での合理的配慮と同様の支援は，日本においても，支援体制の整った高等教育機関では，一般的な支援として受けることができるようになってきた。日本でも2016年に障害者差別解消法が施行され，すべての大学で，障害者への不当な差別的取扱いが禁止され，合理的配慮の提供も義務または努力義務となったことが背景にある。一方で，障害学生に平等な教育参加の機会を提供する取り組みは，国内でも特に進んだ取り組みを行っている幾つかの大学に限られてきた歴史があり，すべての大学での差別禁止と合理的配慮の提供に向けた体制整備が整え

られているとは言い難い状況がある。しかしながら，国内の大学においては，非常に急速に支援体制が充実し始めているのは事実である。

また，上記に挙げた合理的配慮の例は，高等教育機関におけるものである。米国の初等中等教育機関においては，合理的配慮という用語は，学力試験での個別の配慮などで使用されるにとどまり，それ以外の場面では，各地域の独自の判断により，IEPに基づいてさらに広範な特別支援が行われる（言い換えれば，地域格差が大変大きいという面もある）。日本の初等中等教育では，国連障害者権利条約が求める「インクルーシブ教育システム」の構築が始まったのは2012年頃であり，通常の教室で上記に挙げたような支援が行われるケースは多いとは言えない状況にある。その点では，合理的配慮は現在のところ，日本では一部の高等教育機関での方が進んでいると言ってよいかもしれない。

5. 合理的配慮を支える権利擁護の仕組み

合理的配慮を得る過程において，障害学生は，一般的に以下のような流れをたどる。障害学生は，障害のない学生と平等な教育機会に参加することが法的に保障されており，その権利を保障する枠組みが構築されている。

まず初めに，障害学生自身が，障害学生支援室へ利用登録をする。その際に，障害学生支援室のスタッフと共同で，どの配慮が利用でき，また必要であるかを決定する。

また登録の際には，障害に関する合理的配慮を得るための根拠として，高等教育機関から障害学生に障害に関する証明文書の提出を求められる場合がある。こうした根拠を証明する文書を発行するためには，医師や専門家のもとを訪れたり，障害についての検査が必要となる場合もある。2008年の改正ADAにより，証明文書の提出は法的には必須ではなくな

ったが，合理的配慮を提供するための何らかの根拠は必要となるため，こうした証明文書が引き続き求められるケースが一般的である。

次に，障害学生は障害学生支援室に具体的な配慮を要請する。場合によっては，個々の教員に配慮依頼書を提出し，必要な配慮について各教員と話し合いを持つことも珍しくない。このとき，障害学生支援室のスタッフは，法的に義務付けられている合理的配慮の提供について，書面で教員に通達する。

さらに，障害学生が配慮の内容に不服がある際には，各大学に法的に配置が義務付けられているADAコーディネーターに不服申し立てをすることができる。ADAコーディネーターは，障害学生支援室と協調して，関係者間で納得を得られるように調停を行う。また，配慮の内容ではなく，例えばハラスメントを受けた場合など，障害学生支援室のスタッフ自体に不服がある際には，学内の人事担当に不服申し立てと調停依頼を願い出ることができる。さらに，障害学生が所属する大学に不服がある場合には，州の公民権局に不服申し立てをすることができる。最終的には，高等教育機関全体に関わる不服申し立ての場合であっても，連邦政府の公民権局がそれを受け付ける。

リハ法504条では，政府予算を使用している教育機関において，障害者への合理的配慮が提供されない場合，その政府予算がカットされるというペナルティーが科される。そのため，実際には障害学生支援室のコーディネートが円滑に働くことは大学全体にとって最も重要な課題の一つであると社会的に認識されている。

米国ではこのように，何重もの不服申し立て制度により，障害学生の平等な権利が守られる体制が作られている。じつは，日本の障害者差別解消法においても，同様の不服申し立ての相談窓口が作られている。学校外の窓口としては，文科省や教育委員会の相談窓口や，障害者差別解

消支援地域協議会，法務局の人権相談窓口などがあるが，米国のように法令遵守の監視を職務とするコーディネーターを置く法的義務がなかったり，調停対応のための手続きが制度的に構築されているわけではないため，強力な権利保障が行われる形とは言いにくい。また，日本の高等教育機関においては，差別解消法に基づいて作られた文科省の対応指針に，学内にも差別事案に対応する，第三者的な位置付けを持つ調停機能を持つことが求められている（初等中等教育機関についてはそのような記述が対応指針に見られない）。そのため，不服申し立てについての調停の仕組みは，日本では今後，高等教育機関において初等中等教育機関に先駆けて構築されていくことになると考えられる。

6. 合理的配慮の範囲

　合理的配慮が提供される範囲は，教育プログラムだけではなく，大学生活に関わるさまざまな範囲に及んでいる。そのため，米国の大学生が入学後，親元から離れて暮らす学生寮にも，バリアフリー対応の部屋が用意されていることは一般的である。また，授業以外にも，大学内の式典など，キャンパス内での公式イベントでも，例えば車いすでの会場へのアクセスを確保するといった配慮は一般的なものである。
　こうしたこと以外にも，個別の障害学生自身からの要望や，その大学のある地域性や建学の歴史などを反映して，障害学生のための合理的配慮の内容はバリエーションに富んでいる。大学によっては，一般的な合理的配慮の水準を大きく超えるサービスを，その大学独自のポリシーとして行っているところもある。例えば，学習障害のある学生に対して，学習障害について専門的な知識のあるスタッフが個別の学習支援サービスを無償提供している大学があったり，聴覚障害学生のために，専門的で高度な学術的知識を持つ手話通訳者を特別に育成して，その結果とし

て高度な専門的教育プログラムを聴覚障害学生に提供している大学があったりする。

　合理的配慮の考え方は，ともすれば最低限の教育アクセスを障害学生にも提供するための枠組みのように捉えられるが，その根底にある理念は，障害のある人もない人も，共に高い専門性を育てるための教育課程に参加できるように社会環境を整えることである。柔軟に，そして積極的にその目的が達成されるよう，社会全体の理解の向上と環境の充実を図ることで，多様な人々が共に学び，働くことのできる社会を作ることができる。そのための一つの方法として，合理的配慮というアプローチを理解することは重要である。

参考文献・サイト

1．日本学生支援機構（2017）『平成28年度（2016年度）大学，短期大学及び高等専門学校における障害のある学生の修学支援に関する実態調査結果報告書』
2．米国政府説明責任局（U.S. Government Accountability Office, GAO）(2009). Higher Education and Disability: Education Needs a Coordinated Approach to Improve Its Assistance to Schools in Supporting Students.（http://www.gao.gov/new.items/d1033.pdf）
3．外務省（2009）.障害者の権利に関する条約　仮訳文.
4．中邑賢龍，福島智（編著）（2012）『バリアフリー・コンフリクト：争われる身体と共生のゆくえ』講談社
5．近藤武夫（2016）『学校でのICT利用による読み書き支援　合理的配慮のための具体的な実践』金子書房

11 | 進みゆく高等教育における ユニバーサルデザイン

広瀬洋子

《目標&ポイント》 2016年の障害者差別解消法の施行によって，日本の高等教育における障害者支援は大きな変換点にある。国内外の高等教育がICT技術の進歩とあいまって，どのような方法で多様なニーズを持つ学生に教育の機会を提供していくべきなのか，具体例を紹介しつつ考察する。
《キーワード》 学習のユニバーサルデザイン，米国の高等教育の障害者支援，日本の高等教育における障害学生

1. はじめに

　技術が進展し絶え間ない変化の中で，高等教育の役割の重要性がますます高まっている。
　大学は10代から20代の一時期に籍をおく教育機関ではなく，人生のあらゆる局面で人は新しい知識や技術を大学で学び，生活や仕事に生かしていく，そんな時代に私たちは生きている。2016年の障害者差別解消法の施行によって，日本の高等教育における障害者支援は大きく変貌しようとしている。本章では，米国の高等教育における障害者支援について学びつつ，日本の現状についての理解を深める。ICT技術の進歩とあいまって，どのような方法で多様なニーズを持つ学生に教育の機会を提供していくべきなのか，具体例を紹介しつつ考察する。

2. 学習のユニバーサルデザイン

　世界で最も早く教育における障害者支援を整備し，障害者を差別することを禁止する法案，ADA（障害を持つアメリカ人法）を制定した米国では，「学習のユニバーサルデザイン」（Universal Design for Learning：UDL）という概念が提唱されるようになって久しい。人にはそれぞれ苦手なこと，得意なことがある。例えば，何かを学習する場合，絵や写真，映像を見るとよく理解できる人がいれば，耳から入る情報から学ぶのが得意な人もいる。あるいは，ゲーム形式だと俄然，力を発揮する人もいるだろう。

　米国では，30年以上前から，学習障害に対する関心が集まっており，脳科学の進展とあいまって，多様な学び方や支援方法が開発されてきた。Information Communication Technology（ICT）の進展は，それを大きく後押しした。この考え方を生み出し推進してきたのは，1984年に創設された米国マサチューセッツ州にある Center for Special Applied Technology（CAST）である。CAST が提唱する「学習のためのユニバーサルデザイン」は，テクノロジーを活用して，さまざまな学習ニーズを持つ子どもたちが，効果的に授業に参加できるようにするためのアプローチである。学習において子どもが持っている背景，学習スタイル，能力，障害に応じた複数の代替方法を用意し，子どもの力を最大限に引き出そうというのである。

　CAST が提唱する UDL に関する3つの具体的な観点とは，
　1）情報の多角的な提供手段の確保
　2）表現手段や操作方法の複数オプションの提供
　3）学習への取り組み方法や内容の多様性の確保
である。そうした考え方を具現化した成果物として，CAST は全米で

最も人気のある一般の子ども向け読書教材[1]をデジタル化し，多様なニーズのある子どもも楽しめるようにした。
　1）情報の多角的な提供手段の確保 ⇒ 文字の大きさ，色，背景色のカスタマイズ
　2）表現手段や操作方法の複数オプションの提供 ⇒ "書き"の練習のために，タイプ・単語帳から選ぶ，音声入力など
　3）学習への取り組み方法や内容の多様性の確保 ⇒ 教師が生徒のためにオプションを設定することが可能である。

こうした考え方が，前章でも紹介した，高等教育の学び方や支援の在り方につながっている。

CAST の成果物として，Bobby という Web アクセシビリティ検証ツールがある。1995年に CAST から提供された無料のオンラインツール Bobby は，米国の WAI とリハビリテーション法508条の基準を Web サイトが満たしているかを検証するため作られた。（WAI の基準については第9章，p.153の説明を参照してほしい。）Bobby は Web サイトのアクセシビリティの問題点を指摘し，それに沿って Web 制作すれば Bobby の認証を得ることができる。Bobby のオンラインテストに合格したことを示す Bobby 認証アイコンは多くの公的機関や組織，大学の Web サイトなどに誇らしげに掲載されていた。Bobby の無料ツールは閉鎖されたが，米国の Web のアクセシビリティの向上に与えた影響は計り知れない。日本でも障害者差別解消法が施行され，大学の Web サイトのアクセシビリティについて関心が高まりつつあるが，改善への取り組みが始まったばかりである。

（1）WiggleWorks：子ども向け読書教材．Scholastic 社（米国の出版社）

3. 米国の高等教育における障害者支援

(1) 米国における障害者支援の変遷

　合衆国憲法の草案者たちは，啓蒙主義思想の影響を受け「すべての人間は平等に創られた」と宣言した。この理念の下，1776年の建国以来，紆余曲折を経て，奴隷解放，女性の参政権，黒人の隔離教育の撤廃，公民権の獲得などを実現させた。利潤追求を最大の価値とおく米国型資本主義社会の中で，1990年にADA（障害を持つアメリカ人法）のような強制力のある法案が成立した背景には，障害者への人権的配慮が，米国の建国理念である「自由と平等」を体現する運動として成長した歴史があるからだ。

　米国では1817年に初の聾学校が設立され，その後，盲学校・聾学校・養護学校（訓練校）は寄宿制が主流となった。その後19世紀末から20世紀初頭にかけて大都市を中心に通常の学校内に特殊学級が設けられるようになり，第2次世界大戦後にその数を増やしていった。1950年代の障害児の就学率は50％であったが，1960年代には，黒人の公民権獲得運動と呼応するように，障害児を就学させなくてもよいという法律が憲法の平等規定と矛盾することが指摘され始めた。

　70年代にはカリフォルニア大学バークレー校の車いすの学生たちが「障害者自立生活運動」を立ち上げた。折しも，ベトナムからは，おびただしい数の負傷兵が帰還し，彼らの社会復帰は国に課せられた大命題となった。こうした流れの中で「リハビリテーション法504条」（1973年）が成立した。米国の障害者支援の発展には，戦争による負傷兵の存在が大きく影響している。

　教育の面でも健常の子どもと，障害のある子どもが共に学ぶ，統合教育（インクルージョン）が主流を占めるようになった。学齢教育として

は，国の責任ですべての障害児に適切な公教育を保証する「全障害児教育法」（1975年）が制定され，子どものニーズに合った教育と，交通サポートや作業療法などの関連サービスが連邦政府から支出されるようになった。現在では「障害者教育法」となって統合教育を支えている。すべての障害を持つ子どものために，親・学校の教師・校長・診断の専門家・教育行政者がチームを組んで，個別教育計画（IEP：Individualized Education Program）を作成し，幼・小・中・高校からコミュニティカレッジや大学進学までを視野に含めた一貫したサポートシステムを構築している。

　1990年には雇用，交通，公共施設，コミュニケーションシステムなどの差別を禁止する包括的な差別禁止法であるADAが成立した。これは1964年の黒人の参政権を認めた選挙法以来の公民権に関わる法律の集大成であり，建国以来目指していた「最後のアメリカンドリーム」の実現とも言われるほど画期的なものであった。福祉へ依存していた障害者に学習の機会を与え，就労を促進させ，自立した納税者に成長させることが国家の利益につながるという考えが，時の共和党政権の価値観と合致したと言われている。

　大学での障害者支援は1950年代に始まり，上記の法律制定などによって60年代から70年代に確立されていった。特に73年に成立した「リハビリテーション法504条」によって，障害のある学生のために，大学受験などの各試験実施機関に適切な特別措置を講じることが義務付けられたことの意義は大きい。

　ADAにいたっては，大学が，障害を理由にした差別や配慮の欠如に関して，学生や職員から告訴された場合，もし大学側が敗訴すると，連邦政府からの大学全体への助成金配分に多大な影響を与えかねない。その上，場合によっては原告側への高額な賠償金支払い義務も生じる。こ

写真11-1　1990年ADAを調印するブッシュ大統領
（出典：Wikimedia Commons）

のため障害者への支援は，教育の機会平等，人権への配慮という道徳的な命題であると同時に，大学経営にとっても必要不可欠なものとなった。現在，米国のほとんどの大学には，障害学生支援室が設けられ，さまざまな支援がなされている。しかし，それとは別に，学内全体でADAが順守されているか，内側から点検するADAコーディネーターと呼ばれるポストが学長や副学長直属で作られている。いかに大学側がこの問題に注意を払っているかがうかがえる。

（2）米国の大学の障害者支援に関するネットワーク

1977年に創設されたAHEAD（Association Higher Education and Disability：米国の高等教育・障害者協会）は，高等教育の障害者の支援に関わるプロフェッショナルな人々と，支援に関するノウハウや法律

に関する情報を共有する組織である。障害者支援に関わる仕事の質と専門性を高め，一つの職能集団としての地位を獲得するためにも役立っている。2018年現在，会員数は3,000余名，支援部署や学生サポートで働く人々，ADAコーディネーター，法律家，教員，多様な人がメンバーとなっている。創立以来，毎年，全米各地を巡回するように3日間にわたる大会が開かれている。近年は日本も含めアジアからの参加者も増加している。会では，新技術や新しい法律，多様な障害への対応などの分科会に分かれ積極的な議論が行われている。

現在の米国社会の中で，"差別"がないというわけではない。人種や居住地域，障害の有無などが経済格差に深く関連していることも事実である。しかし，教育の平等について関心を持ち，障害者を支援する人々が集まり，組織だって社会を変えていこうとする力があるのも米国ならではのことだ。

社会の中に法的に差別に対して闘う手立てがあるか，法の下に不当な扱いに対して意義申し立てをできるか否かは，障害者の人権と教育を考える上で大切なことである。

4．日本の高等教育における障害学生

（1）障害学生の障害種別学生数と在籍率

ここで全国の大学，短期大学，高等専門学校における障害学生の障害種別学生数と，在籍率を見ていきたい。

平成29年度（2017年度）における全国の大学，短期大学，高等専門学校に在籍する全体の学生数は，3,198,451人である。このうち障害学生数は31,204人，全学生数に対する割合は0.98％で，前年度，0.86％より0.12％多くなっている。

障害種別内訳は，「視覚障害」831人（2.7％），「聴覚・言語障害」

1,951人（6.3％），「肢体不自由」2,555人（8.2％），「病弱・虚弱」10,443人（33.5％），「重複」462人（1.5％），「発達障害（診断書有）」5,174人（16.6％），「精神障害」8,289人（26.6％），「その他の障害」1,499人（4.8％）である（図11-1）。

次に受け入れ高等教育機関を見てみると，図11-2の在籍学校数は全部で914校，全学校数1,170校の78.1％となっている。21人以上の受け入れは366校（31.3％），11人から20人の受け入れは138校（11.8％），6人から10人の受け入れは115校（9.8％），2人から5人の受け入れは203校（17.4％），1人の受け入れは92校（7.9％）で，障害学生が在籍していない学校は256校（21.9％）である。

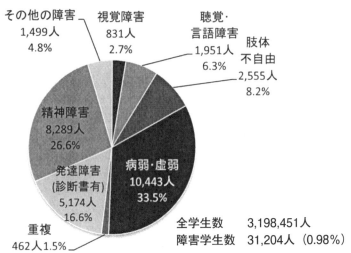

図11-1　大学，短期大学及び高等専門学校における障害学生数（障害種別）（2017）

（出典：日本学生支援機構）

＊「平成29年度（2017年度）大学，短期大学及び高等専門学校における障害のある学生の修学支援に関する実態調査結果報告書」より作成

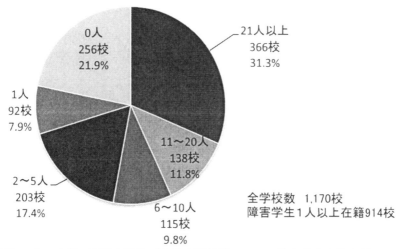

図11-2　大学，短期大学及び高等専門学校における障害学生在籍学校数（障害学生在籍者数別）（2017）

（出典：日本学生支援機構）

＊「平成29年度（2017年度）大学，短期大学及び高等専門学校における障害のある学生の修学支援に関する実態調査結果報告書」より作成

（2）高等教育に学ぶ障害者の歴史

わが国の高等教育の障害者への門戸開放が本格的に始まったのは1960年代後半である。1973年（昭和48年）に盲学校高等部に普通科が設置され，理療中心の職業教育から大学進学を視野に入れた教育が行われるようになり，文部省からも大学に対し身体障害者の受験機会の拡大を促進するよう指示が出された。こうした行政側の改革と障害者による門戸開放運動があいまって，その後の大学進学希望者の増加につながっていった。また1979年（昭和54年）に大学入試センターが共通一次試験の障害者向け入試問題や回答方法を開発した。その方法に準拠して障害者向けの入学試験を行う大学も増えていった。

しかし，大学入学後のサポート体制は，個別の大学・教員・学生個人・保護者による自助努力に任せられることが多く，支援の内容や項目，質においては，いまだに大学間の格差は大きい。熱心な教員が一手に引き受けてバーンアウトしてしまうこともある。大学としても，年度によって障害学生の数や支援のニーズも一定ではないために，多くの大学では支援が場当たり的に陥りやすく，学内で支援のノウハウを蓄積し，継続的なシステムや支援者やコーディネーターを安定的に雇用するシステムが確立されてこなかったとも言える。

（3）高等教育の障害者支援を支える全国的ネットワーク

平成28年度（2016年度）学校基本調査によれば，日本の高等教育機関のうち，大学数は777大学，短大341校，高等専門学校57校である。このうちの8割近くは私立学校が占めている。

平成28年に障害者差別解消法の合理的配慮規定などが施行され，国公立大学では障害者への差別的取扱いの禁止と合理的配慮の不提供の禁止が法的義務となり，私立大学では障害者への差別的取扱いの禁止は法的義務，合理的配慮の不提供の禁止は努力義務となり，適切な対応が必要となった。日本では，米国のように大学が学生や職員に対して差別的な対応によって裁判で敗訴した場合，連邦政府からの補助金がカットされるというような罰則規定はない。しかし，今後，多様な学生への支援が大学の評判にも大きくつながっていくことを考えれば，規模の小さな大学や，障害者の受け入れ態勢や支援のノウハウを持っていない大学などにとって，どのように支援を行っていけばよいのかは差し迫った課題である。そういう要望に対して，現在，全国の大学の障害者支援に関するネットワークやNPOが組織されて動き出している。以下に主だったものを紹介しよう。

障害学生修学支援ネットワークを通じた相談など
日本学生支援機構

　日本学生支援機構（JASSO）では，障害学生修学支援体制の整備を目的とした「障害学生修学支援ネットワーク」（拠点校：札幌学院大学・宮城教育大学・筑波大学・富山大学・日本福祉大学・同志社大学・関西学院大学・広島大学・福岡教育大学，協力機関：筑波技術大学・国立特別支援教育総合研究所・国立障害者リハビリテーションセンター）により，全国の大学などから障害学生修学支援に関するさまざまな相談に応じるなどの取り組みを実施している。

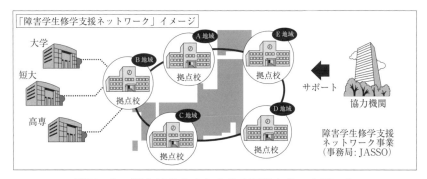

図11-3　拠点校を中心とする全国的なネットワーク
　　　　　（出典：日本学生支援機構 Web サイト，原図を基に作成）

全国高等教育障害学生支援協議会（AHEAD JAPAN）

　2014年に設立された AHEAD JAPAN は，米国の AHEAD の活動をモデルに，国内の大学の障害者支援のための情報共有とネットワーク作りの活動を進めている。2015年から毎年，各地の大学において大会を開くとともに，機会あるごとに障害者支援に関する公開セミナーを開催し啓発活動を行っている。前述した，米国の AHEAD とも緊密に連携し，米国からの講師の派遣や米国大学における支援の研修などにも関わっている。

日本聴覚障害学生高等教育支援ネットワーク(PEPNet-Japan)

　日本聴覚障害学生高等教育支援ネットワーク(PEPNet-Japan)は，2004年10月に全国の高等教育機関で学ぶ聴覚障害学生の支援のために立ち上げられたネットワークで，事務局が置かれている筑波技術大学をはじめ全国の会員大学・機関の協力により運営されている。聴覚障害学生支援にかかわる情報提供・相談対応や各種教材の作成・配布，シンポジウムの開催などを通して，聴覚障害学生支援体制の確立および全国的な支援ネットワークの形成を目指している。

主な事業内容
1．聴覚障害学生支援にかかわる情報提供と相談対応
2．聴覚障害学生支援 MAP(PEP なび)の運営
3．会員同士の情報共有の促進
4．日本聴覚障害学生高等教育支援シンポジウムの開催
5．各種教材の作成・配布
6．ウェブサイト・メーリングリスト・Twitter による情報発信，など

図11-4　PEPNet-Japan の成果物(一部)
(提供：PEPNet-Japan 事務局)

5. 高等教育における情報支援の課題

（1）聴覚障害のための支援

　大学における障害者支援で最も人手と費用を必要とするものの一つに，聴覚障害者への情報保障が挙げられる。大学に入学する聴覚障害者は普通高校の出身者が多く，高校時代に授業を聞くことができなくても，教科書や参考書を読むことで学習し，大学に合格するケースが一般的である。だが，いざ大学に入学し，講義を受講し，実験やディスカッションに参加していくには，手話やノートテイク，PC要約筆記などの支援なしには学習の継続は困難である。

　しかし，最近では，ビデオやDVDなどの映像教材の利用や，講義映像をインターネットで配信する大学も増えている。YouTubeに代表されるように，動画があらゆる学びの場で活用されてもいる。聴覚障害者や日本語を母語としない学生などの学びにとって，動画音声の字幕化は不可欠である。現在，大量の動画を字幕化するために，音声認識システムを活用したテキスト化や，複数の人々によってインターネット上で字幕や翻訳の付与を行うクラウドソーシングなどによる作業の効率化が実用化されつつあり，こうした関係の技術はさらに開発されていくだろう。また，その場の情報保障として注目されているのは，UDトークである。このアプリは音声認識システムを使って，自動的に話し言葉をテキスト化する。聴覚障害者にとっては大変便利なアプリであり，多言語への翻訳機能も備えているので，外国人対応や議事録の作成，文字起こしなど幅広くその機能が活用されている。

（2）視覚障害のための支援

　障害者がアクセスしやすい教科書・教材とはどのようなものであろう

か。例えば、点字に翻訳されている一般書と違い、大学で使われる専門書やテキストの数は膨大であり、その多くは点訳されていない。以前は図書館の朗読サービスや、ボランティアによる音読をテープに録音することが多かった。点訳に頼る場合も仕上がりまでに数か月を要した。しかし、近年の情報技術の発展によって、テキストデータ化した本の内容をパソコンに読み上げさせる手法が一般的になりつつある。2010年1月に施行された改正著作権法では障害者の情報保障を確実にするため、それまで点字図書館による録音図書の作成などに限定されていた情報利用の範囲が拡大されて、デジタル録音図書の作成や映画・放送番組への字幕付与などが可能になった。また、同法施行令が改正されて実施主体も障害者福祉施設、学校の図書館、公共図書館、老人ホームなどに広がった。

(3) 米国の事例から導かれること

　米国ではこうした問題はどうなっているのであろうか。東京財団の調査によれば[2]、前述した「CAST」では、障害者の情報保障教材（Accessible Instructional Materials：AIM）を作成している。米国では障害者の教育参加を保障するために著作権法を改正し、高校以下の教科書・教材に関するデータをNational Instructional Materials Accessibility Standard（全国教材アクセシビリティ基準：NIMAS）という統一フォーマットで提出することを出版社に義務付けている。出版社のデータはNIMASを管理するNational Instructional Materials Access Center（NIMAC）というデータセンターに送られ、AIMを望む州政府などの発注があると、Accessible Media Producer（AMP）と呼ばれる専門家や、「指定利用者」（Authorized Users：AU）がNIMACからデータをダウンロードし、文字情報にアクセスできない障

---

(2) 東京財団と日本財団が協力して行った米国調査（2012年）：本講座の近藤武夫講師はメンバーの一人

害者向けに無料で提供している。NIMAC利用者は年々急増している。日本の場合，高校以下の教科書は国による検定制度が整備されているなど事情は異なるが，障害者の教育参加権を保障する取り組みは不可欠であり，同様の政策対応が求められるところである。

(4) 放送大学の事例から導かれること

　ちなみに放送大学は，視覚に障害がある学生が学習センターを通して依頼すれば，各講座のテキストデータを入手することができる。学生はそれをパソコンの読み上げ機能を使って学んでいる。放送大学の場合は，各講座に一冊のテキストがあるので，データ化はそんなに難しいことではない。しかし，多くの大学では，教材は各講座，講師によってまちまちであり，システム化されたデータ化というのはまだ難しい状態である。

　なお，教科書・教材のデータ処理に際しては，野放図なデータの流出や変更，売り上げの減少を恐れる出版業界や著作権者との利害調整が課題になる。米国ではNIMACからデータをダウンロードできる人を制限しているほか，NIMACの運営に関しても出版業界の代表を理事会などに参画させており，制度設計の面でも参考になるだろう。

　高等教育では高度な専門書を各大学がバラバラにデータ処理し，個別の大学が聴覚障害者の学習用ビデオに字幕を付けるのはコスト，時間ともに非効率である。このため，大学間ネットワークや公的機関の運営する図書館などで，米国のNIMACのように「教材データバンク」のようなものを作り，希望する大学・学校にデータを配布・貸与する仕組みが出来ることが望ましい。各大学のコストや労働力の軽減にもつながるだろう。そのためには，著作権の見直しや，教材データバンクの権限の明確化や活動を支える費用負担システムの構築が必要になるだろう。

(5) 留学生支援

　大学などの在学者数に占める留学生数の割合は，受け入れ・派遣とも欧米先進国と比較して低い水準にある。その理由の一つに言語の障壁がある。日本語習得の難しさとともに，受け入れる大学側も，英語やその他の言語で授業ができる教員はまだ少数である。その場合，授業ビデオに多言語の字幕を付与することで，留学生の学習環境は格段に向上すると思われる。また，少子高齢化による介護や看護の分野の人的資源を補うために海外からの相当数の労働者を受け入れることが現実問題として論議されている。そうした就労外国人のための日本語教育や専門的教育においても自動翻訳などを利用して，数種類の字幕を付与することが求められるだろう。

6. 幅広い年齢層の学び

　文部科学省が発表した OECD の2016年の調査「高等教育における25歳以上の学士課程への入学者割合」によると，大学における25歳以上の割合が一番高いのはイスラエルで，33.2％，OECD 諸国では平均して15.8％である。日本は2.5％で，平均の2割以下である。図11-5の数字を見ても明らかなように，日本の大学生の97.5％が25歳以前の若者で占められている。このグラフには米国が含まれていないが2012年の調査では23.9％であった。

　日本では，大学制度が導入された明治以来，大学は若者の学び舎であった。しかし，科学技術や世界情勢が日々変化する社会の中で，専門的な知識や新しい技術を学ぶ機会は，生涯のどのステージにおいても開かれている必要があろう。

第11章　進みゆく高等教育におけるユニバーサルデザイン　|　203

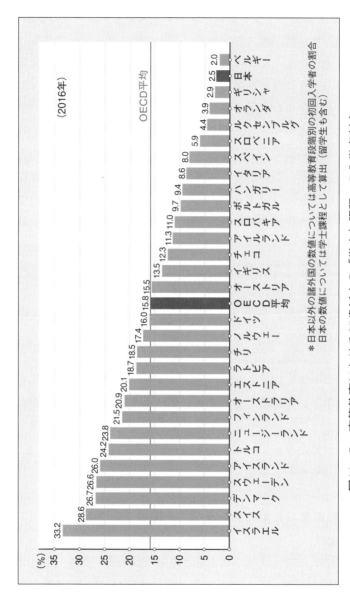

図11−5　高等教育における25歳以上の「学士」課程への入学者割合
(出典：OECD Education at a Glance (2018)（諸外国）及び「平成28年度学校基本統計」（日本））

（1）米国オッシャー・ライフロング・インスティテュートの事例

　米国で1977年にビジネスで成功しコミュニティリーダーでもあったベルナルド・オッシャーによって設立されたオッシャー財団は，全米各地でシニア層の生涯教育を推進している。2000年から開始したプログラムは，生涯学習と豊かな人生の成長の機会を与えることを目的に，全米50州の各州には少なくても1か所以上，120以上の大学やカレッジのキャンパス内で運営されている。仕事を引退した50歳以上の学びたい人を対象に，単位を認定しない形でコースや活動を提供している。これは，単位を取得し学位を得て，より良い仕事に就くことを目的とするのではなく，学ぶことで人生の喜びを得る学生が対象であるので，宿題や試験はない。

　例えば，カリフォルニア大学サンディエゴ校（UCSD）では，講座の教員の承諾と，席があれば，芸術，建築，科学，医学，コンピュータ・歴史，演劇，外国語，声楽，特別講義などの120以上のコースに自由に参加することが可能で，そのうえ，大学の図書館，カフェテリア，ランゲージラボなどの施設が使用できる。また，大学や元大学の教員およびそれぞれのコースに関する経験が豊かな地域の人たちの特別講義も開催される。大学という環境で，さまざまなバックグラウンドや教育レベルの中高年の方々に，学ぶ楽しさを追求できるような新しい教育機会を与えることが目標となっている。メンバー（学生）もプログラムの企画や運営，評価に積極的に参加している。

（2）知的障害者のためのカレッジ：米国のシンクカレッジ（Think College）

　米国マサチューセッツ州ボストン市にある地域インクルージョン研究所（The Institute for Community Inclusion：ICI）は，40年以上にわた

り，障害研究，プログラム評価，専門職の養成，コンサルテーション，臨床，職業リハビリテーションサービスなどの幅広い領域において，障害者の地域インクルージョンの普及を推進している。ICI は，マサチューセッツ大学ボストン校およびボストン小児科病院との共同事業であり，全米67か所の障害者総合研究教育拠点（University Centers for Excellence in Disabilities）の一つである。

　ここでは，知的障害および他の発達障害がある人々のための高等教育（中等後教育）をリードしてきた。運営するシンクカレッジでは，研究，トレーニング講座と技術支援，普及活動に力を注いでいる。知的障害および他の発達障害者が中等後教育に進学して成功できるような支援を進めるための研究を行い，学生自身や家族，関係者の視点からの実践的な研究を行っている。

　また，さまざまな資料で研究成果を定期的に発表し，大学内のみならず，Web 上でもトレーニング講座や無料のオンライン・セミナーを提供している。さらに，Think College の Web サイトから，他の教育機関の障害学生向けプログラムの情報や，関連する文献のデータベースやトレーニングと技術支援のデータベースにアクセスすることができる。

7．おわりに

　今日，社会のあらゆる分野の技術的進展や問題解決のために，世界中の大学では研究の交流，人的交流を盛んに行っている。日本の大学を評価する際にも，留学生の数や外国語での授業の数，また海外との交流や共同研究なども重要な要素となっている。大学は限られた年代の若者向けの教育機関から，多様な年代の人々，多様な背景を持つ人々が交流しながら，学び合う場へ変貌している。多様性こそ，混沌とした現代を切り拓いていく原動力となるだろう。情報技術の発達によって，今後はこ

うした多様なニーズに対して，一人ひとりに合った学習方法や教材などをカスタマイズする方向に向かっていくだろう。世界中の大学が協定を結び，留学しやすいように単位互換や授業の質を保証するシステムが作られている。こうした動きは一層急速に広がると思われる。

そのときに，日本の大学は「大学教育のユニバーサルデザイン」の世界共通のスタンダードに達しているのだろうか。今後注意深く見守っていきたい。

参考文献・サイト

1. AHEAD（Association Higher Education and Disability：米国の高等教育・障害者協会），http://www.ahead.org
2. 日本聴覚障害学生高等教育支援ネットワーク（PEPNet-Japan）
   http://www.pepnet-j.org/
3. 全国高等教育障害学生支援協議会　AHEAD JAPAN
   https://ahead-japan.org/
4. UDトーク http://udtalk.jp/
5. 大学型高等教育機関（文部科学省　資料「社会人の学びについて」）
   http://www.mext.go.jp/b_menu/shingi/chousa/koutou/065/gijiroku/__icsFiles/afieldfile/2015/04/13/1356047_3_2.pdf
6. 米国オッシャー・ライフロング・インスティテュートの事例
   http://www.osherfoundation.org/index.php?olli
7. The Bernard Osher Foundation.
   http://www.osherfoundation.org/index.php?index
8. Think College. https://thinkcollege.net/

12 │ 遠隔高等教育の授業と教材の アクセシビリティ

広瀬洋子

《目標&ポイント》 遠隔高等教育はもとより,今や国内外の高等教育機関にとっても,インターネットを介したオンライン学習,eラーニングは欠かせない学習手段となっている。本章では,そうした遠隔高等教育の学習をユニバーサルデザインとアクセシビリティの観点から取り上げる。遠隔高等教育のアクセシビリティに関して,米国社会の取り組みやカナダのアサバスカ大学の事例,国内では,日本の通信制大学の歴史と現在を概観し,放送大学の挑戦と課題を紹介する。
《キーワード》 遠隔高等教育,ユニバーサルデザイン,アサバスカ大学,放送大学,アクセシビリティ

1. はじめに

　大学にとっての情報のアクセシビリティとはなんだろう。10章の「教育のユニバーサルデザインと合理的配慮」では,視覚障害の学生のための教材のテキストデータ化や点字化について,聴覚障害の学生のためのノートテイカーやパソコン要約筆記のサポートが紹介されている。本章では,遠隔高等教育においてのユニバーサルデザインについて考えてみたい。

2. 遠隔高等教育の多様性

　皆さんは「遠隔高等教育」に，どのようなイメージを持っておられるだろうか。以下，整理してみよう。第一に，大学卒業資格を授与する遠隔高等教育を考えてみよう。一般的に通信教育といえば，自宅に郵送された教科書や教材で自習し，年に数回，大学のスクーリングに通う形式が多かった。しかし，情報技術の発展によって1980年代後半から，先進国の高等教育は多様な形でインターネットを用いて教育を提供するようになった。米国のウエスタン・ガバナーズ・ユニバーシティのように，すべてオンラインによって教育が行われる大学もあり，そうした大学はサイバー大学，インターネット大学など呼ばれるようになった。また，放送大学や英国のオープンユニバーシティ（1973年創立），中国の中央広播電視大学（1979年創立）など，学ぶ志のある者に広く大学教育を提供しようとする公開大学がある。その多くは開学当初はTVやラジオ放送メディアを活用していたが，1990年代あたりからインターネットによる授業配信が増大している。一方，伝統的な大学も，学部によってオンライン型の遠隔授業を中心に据えたコースや，一つの授業を教室での対面型授業とオンライン学習を組み合わせたコースなどを提供するようになった。

　第二に，現在のところ大学の単位や卒業資格として認められないが，大学が自校の講義の一部をインターネットで大学外に公開し，大学外の人々が自由にそうした講義にアクセスできる取り組みがある。これはオープン・コース・ウエア（Open Course Ware：OCW）と呼ばれ，2016年度現在，世界各地から講義へのアクセス数は1億7,500万に達している。

　第三に，OCWを発展させたものとして，大規模公開オンライン授業

(Massive Open Online Course：MOOC) という教育形態がある。複数の大学によって組織を形成し，オンラインによる授業の配信に一定の認証を与え，受講者に課題を与えたりする。基本的には無料で視聴できるが，課金システムを組み込み，何らかの形で学習成果を確認し，評価し，それによって資格や単位を与えている。一例ではあるが，MOOCの一つである，edX（エデックス）[1]の授業を受けたモンゴルの15歳の少年が優秀な成績を収め，学費免除で，米マサチューセッツ工科大（MIT）に進学したという事例もある。

以上述べてきたように，ICTの潮流を捉えた世界の遠隔高等教育は，ものすごいスピードで国境や文化，物理的障壁，時間的障壁を越えて，多様な形で大学教育を世界の人々に提供するようになった。今後，その流れはますます盛んになり，高等教育の形を変えていくだろう。

3. 日本の高等教育のオンライン型授業の導入状況

ここで日本の高等教育におけるインターネットを用いた遠隔高等教育の推移を紹介したい。このグラフは大学ICT推進協議会が行った「高等教育機関におけるICTの利活用に関する調査研究」に基づいて筆者が作成したものである（図12-1）。

平成29年度現在，国立大学の57.5％，公立大学の51.3％，私立大学の45.5％，大学全体で見ると48.7％の大学がインターネットを用いた教育を行っていることが示され，過去10年間に倍増していることが見て取れる。しかし，こうしたインターネットで使う教材コンテンツは，全体の91.5％が担当する教師個人が独力で作成していると報告されている。米国では，教育コンテンツの制作や授業法について専門的に支援する部署を設けている大学が多い。また，大学間での教材の共有化なども広がっている。今後は日本でもこういった動きがますます活発になっていくだ

---

[1] edX（エデックス）米ハーバード大，MITなどが中心となって立ち上げたMOOCの一つで世界の一流大学が名を連ね，日本からは東京大や京都大も参加している。

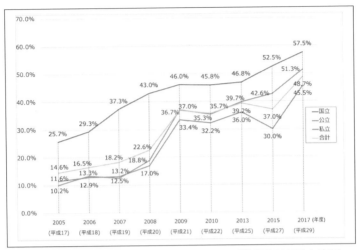

図12-1　高等教育機関等におけるICT利活用の現状と変遷
(出典：大学ICT推進協議会「高等教育におけるICTの利活用に関する調査結果報告書」平成28年11月，および平成29年度の調査結果を基に筆者作成)

ろう。

4. 遠隔高等教育のアクセシビリティ

(1) 大学のWebサイト

　読者の方々の中に，アクセシビリティの観点から大学のWebサイトを眺めた方はおられるだろうか。大学への入学を希望する者にとっても，そこで学ぶ学生にとっても，大学のさまざまな情報を発信し，視聴覚コンテンツやオンライン授業を配信するWebサイトはなくてはならないものだ。

　それでは，果たして大学のWebサイトはアクセシブルになっているのだろうか。身近な例で，放送大学のWebサイトに着目しよう。例えば視覚障害者にとって，すべての情報は読みやすい形式で掲載されてい

るだろうか。残念ながら，答はノーである。全盲の人がホームページを読む場合，パソコンの読み上げソフトによって記載された内容を耳から理解することができる。しかし，放送大学のサイトには，読み上げソフトが読みにくい罫線や表があり，情報が正しく伝わらない箇所が散見される。そこで次善の策として，トップ画面上方に「視覚障がいの方へ」という特設サイトを開設し，学習するうえで必要な情報で通常の画面で読みにくいところを，読み上げソフトが読みやすい形式にして掲載している。

　読者の方はぜひ，日本のさまざまな大学のWebサイトを開き，それがアクセシブルであるのか，調べてほしい。写真や図には文字による説明が付いているのか，視覚障害者にその情報はアクセシブルか，表やグラフなどが色で示されている場合，色盲の人が理解しやすいものなのか，スタイリッシュな学長の挨拶や授業の動画に字幕は付いているのか，聴覚障害者にその内容は伝わるのか。ぜひそうした観点から大学のWebサイトを観察し，改善すべきところを見つけたら，何らかの形で大学に働きかけていただきたい。社会に生きるわれわれ一人ひとりの"情報のアクセシビリティ"に対する意識の向上が情報化時代のユニバーサルデザインを推進する力になるに違いない。

（2）大学の情報アクセシビリティを確保するために

　上記で説明したように，日本の多くの大学のWebサイトはアクセシビリティにおいてさまざまな問題を抱えている。それは，大学がWebサイトを構築するときに，アクセシビリティに対する関心が低く，制作サイドの業者任せになっているケースが多いからだと思われる。Web制作業者は一応，Webサイトを構築する際は，ウエッブ・コンテンツ・アクセシビリティ・ガイドライン（Web Content Accessibility

Guideline：WCAG[2]）に準拠して制作するので，アクセシビリティについて問題はないはずと言うが，出来たものは必ずしも使い勝手の良いものにはなっていない場合が多い。

　ここで，大学が情報アクセシビリティを確保するために具体的にどのようなことが必要なのか考えてみたい。

　第一に大学関係者は大学の情報環境整備について計画の段階から，ユニバーサルデザインとアクセシビリティに関して留意するべきである。教職員や学生の中に不便を被っている人がいないか，まずは学内の状況を知ることが必要である。

　第二に，アクセシブルなWebサイトを実現させるための話し合いに最適な人材を集めることが求められる。学部の代表者だけではなく，障害学生の支援に関わる教職員はもとより，支援を受ける障害のある学生の参加も必要である。当事者たちの意見を聞きながら方針を決めていくことが必要である。

　第三に，Webサイトのアクセシビリティを確保するための努力と同じように，障害のある学生に自らの困難を乗り越えるパソコン活用術を伝授することや，支援機器などについてサポートする窓口の設置も必要である。

　第四に，大学が共同して大学のWebサイトにとって重要なアクセシビリティを満たすためのチェックリストを作ること，そして，それらを実現し，評価するシステムを確立することが必要である。

　つまり，大学は情報環境整備の基本的設計の段階からアプリやWebサイトのアクセシビリティを確保することを当たり前のこととすべきであろう。例えばビデオの字幕は，聴覚障害者のみならず，留学生や外国人などにとって有益である。高等教育レベルの専門性の高い内容を理解するには，一般の健常者にとっても字幕付き教材は内容の理解と記憶へ

（2）9章のWCAGの説明を参照すること。

の定着度が高いことは言うまでもない。また，近年，関心を集めている学習障害や注意欠陥/多動性障害などがある人にとって，文字を提示することは集中を高めることにつながると言われている。大学全体の方針に関わることは，財源や人的資源も含め，すぐには変えることは簡単ではない。だからこそ，最初の段階からアクセシビリティを考えることが重要なのである。

5. 米国の遠隔高等教育のアクセシビリティ

（1）遠隔高等教育の教材のアクセシビリティ

　ここでは，インターネットを介して配信される講義や教育コンテンツなどのアクセシビリティに目を向けてみよう。今日，世界中の人々が学べるMOOCのような大規模オンライン講座や，個別授業においてシラバスや講義資料を提示，アンケートや小テスト，提出されたレポートを管理などを行う学習マネジメントシステム（Learning Management System：LMS）など，有料，無料を含めてさまざまな形のものが提供されているが，アクセシビリティの点では必ずしも問題が解決されていない。

　オンライン学習を最もアクティブに発展させてきた米国において，近年，オンライン学習のアクセシビリティが差別的であると，大学を訴えるケースが出てきている。米国では，リハビリテーション法508条，ADA法などによって障害者への差別は法的に禁じられている。しかし，米国の法律は過去の同種の裁判の先例に拘束される判例法主義であるために，問題解決のために裁判で争われ，そこで決まった判例が積み重なって社会が変わっていく。障害者差別や情報のアクセシビリティに対して社会的な関心が高い米国であっても，日進月歩で開発される情報技術を活用した学習システムや教育コンテンツに対して，監視体制や意義申

し立てが追いついていないのが現状なのであろう。近年，学生からの申し立てを受けた地域の公民権オフィス（Office for Civil Rights）が大学に調査に乗り込み，大学に改善すべきリストと是正案（Webサイトや学習管理システムなどの改善）を期限付きで提示することが求められた例があるという。

(2) アクセシブルなオンラインコースの作り方

ここで，アクセシブルな教材やオンラインコースを作るためにどのようなことに留意すべきなのか。以下に，この分野で全米屈指の研究と活動を行っているワシントン大学DO-IT[3]の所長であるシェリル・バーグスターラー博士の考え方を紹介しよう。

◆◆◆

アクセシブルなオンラインコースを作るための20のヒント
―Webサイト・文書・画像・動画―

1. 提供するコンテンツのレイアウトや全体図を明瞭で一貫したものにする。
2. LMSや，ワード，PPT，PDFなどのアプリケーションのスタイル機能を使用して見出しを設定する。デザインやレイアウトもアプリケーションに搭載されている機能を使用する。
3. ハイパーリンクを設定する場合は，単に「ここをクリック」と記載するのではなく，飛ぶ先の具体的な内容を記載する。(例) 例えば，

---

(3) DO-ITとは，バーグスターラー博士によって1993年に創設されたワシントン州シアトルにあるワシントン大学の障害者支援のプログラムであり，DO-ITは，Disabilities（障害），Opportunities（機会），Internetworking（インターネット），and Technology（技術）の頭文字である。障害者の学習や自立，社会参加を広げるためのテクノロジー利用を促進するために，数百に及ぶ資料や映像教材を制作しネットで公開し，全米国内はもとより，世界中の障害のある学生を支援している。

「DO-IT の知識ベース」などと。
 4. PDF の利用はなるべく最小限にすること。特に画像を提供するときは，PDF のテキストが音声読み上げソフトで読めるか，確かめること（コピー＆ペーストが可能なものは読み上げられる）。常にテキストベースの代替版を提供する。
 5. 画像には，必ず内容を示す簡潔な説明文を付ける。
 6. 煩雑なレイアウト画面ではなく，背景を簡素にして，大きく太いフォントを使う。
 7. コントラストの高い配色にして，色覚障害者が読めるものにする。
 8. すべてのコンテンツとナビゲーションが，マウスを使わずにキーボードのみでも利用できるようにする。
 9. キャプションやビデオの中の文字は，規程の方法に準拠して記載する。
10. 学習者の ICT 活用能力のレベルの差が大きいことを認識し，コースを受講するために必要な技術を習得する機会を用意する。
11. コンテンツを複数の方法で提供する。（例）テキスト，ビデオ，オーディオ，あるいは画像の形式）
12. コンテンツの文章は，略語を避け，用語は明確にして専門用語は使わない等，言語能力が高くない学習者にも理解できるようにする。
13. 指導者は，学習者に対して，学習の目的や方法，読むべき資料などについて分かりやすく指示し，学習者に何が求められているのかを，明解に伝えるようにする。
14. 学習者の多様な興味や生育背景に配慮して，関連した例や課題を提供する。
15. 学習者が学びやすいようなアウトラインや理解を促進させるための手段を提供する。

16. 学習を進めるために必要な練習の機会を準備する。
17. シラバスで学習の課題に関して詳しく説明し，学生が早い時期から取り組めるようにする。
18. 指導者は学生の課題への取り組みに関してフィードバックを行い，学習者に修正する機会を与えること。
19. さまざまな障害のある人々が参加しやすいように，コミュニケーションや共同作業のやり方に選択肢を提供する。
20. 学習者が学びの成果を多様な形で表現できるようにする。（試験，ポートフォリオ，プレゼンテーション，ディスカッションなどに関して，表現方法に選択肢があること。）

◆◆◆

6. 遠隔高等教育のアクセシビリティとサポート： カナダの公開大学 アサバスカ大学の事例から

(1) アサバスカ大学の概要と学生サービス

　本章の後半において紹介する放送大学の事例を相対化するためにも，ここで1983年に設立されたカナダの公開大学，アサバスカ大学に目を向けてみよう。アサバスカ大学はカナダのアルバート州に本拠を置くカナダ唯一の公開大学で，国内外に向けてインターネットを中心にして大学教育を提供している。放送大学とも協力協定を結び交流が計られている。大学本部は人口約3,000人のアサバスカという小さな町にあるが，カルガリー市，エドモントン市に2か所，全部で3か所のサテライトキャンパスを持っている。在籍者数は約4万人で，芸術，化学などの専門分野で55プログラムと学部と大学院で850以上のコースがあり，オンライン授業も850以上のコースが開講されている。この大学は毎月入学するこ

とが可能で，ここの授業の特徴として，①月初めにスタートするオンラインによる個人別学習，②オンライン授業と面接授業が組み合わされているグループ学習の2つがある。

学生のためにさまざまな学生サービスを整えており，そのほとんどがオンラインを用いて情報やサービス，相談が行われている。したがってコミュニケーションの方法は，学生にとってアクセシブルな形を採用することが可能である。

・ライブラリー：オンラインでデータやe-bookへアクセスできる
・学習サポート：チューターによる電話，メール，オンラインを活用
・カウンセリング：科目の選択や学習方法などのアドバイス
・ITヘルプデスク：パソコンや情報技術に関する支援
・ライティングサポート・数学サポート
・障害学生の支援

（2）アサバスカ大学の障害学生と支援体制

在学生4万人のうち9,000人に近い障害学生が登録されており，その数は学生全体の2割以上を占めている。近年の特徴としては精神障害や発達障害のある学生の数が増加している点である。大学は障害学生として登録され，配慮を必要とする者に支援しているが，実際には障害の申告をしない多くの障害者が存在すると言われている。

≪障害者支援（Access to Students with Disabilities：ASD）≫

障害のある学生は，まず入学時に医師の診断書を大学に提出する。ASDのスタッフは，それを基に学生と相談し，どのような支援が必要か，支援技術にはどのようなものがあるのか，公的にどのような支援を

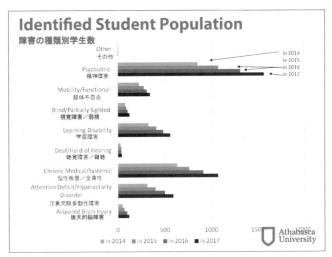

図12-2　障害の種類別学生数

(出典：アサバスカ大学)

受けられるか，カウンセリングを行い，支援の内容を決めていく。

　ASDの担当窓口は，エドモントンのサテライトキャンパスに設置されており，学生とは対面およびオンラインや電話を通じてコミュニケーションがとられている。ここでの支援の内容は以下のとおりである。

1）個々の学生への配慮
2）コース管理と学習支援
3）試験への配慮
4）学費の助成金の獲得方法を探すサポート，学内助成金への申請手続き
5）支援機器の活用および技術サポート
6）代替教材の作成
7）障害者支援に関する情報提供・権利擁護のサポート

ここでは上記6）の代替教材の作成の内容を紹介する。

≪コース教材のフォーマットの対応≫
　①レイアウト（行間・ページ色・フォントの大きさ）
　②文字拡大
　③電子テキスト
　④点字および触覚画像
　⑤カーツワイル方式（テキスト読み上げ）
　⑥ MP3（デジタル音声）
　⑦音声および映像教材の字幕化や音声による説明の付加

（3）試験への対応
　試験に関しては障害学生試験サービス部門が，メールや電話で学生の希望を受けて，場所や環境調整，試験時間の延長，問題のフォーマット調整，回答のサポートなど，特別の配慮を行っている。
　試験は，通常の学生と同じようにアサバスカ大学の施設で受験する場合と，居住地が100キロ以上離れている場合は，指定の場所で受験が可能である。国外の場合はカナダ大使館などを含む大学の指定の施設で行われる。

≪オンライン試験≫
　ここで注目したいのは，オンライン試験である。通常，学生の居住地が大学の試験センターから100キロ未満の場合は，センター内の受験用PCで受験することになっているが，学生の利便性を追求したオプションとして，Webカメラ監視による試験を専門的に請け負うプロクターUを有料で活用することができる。"プロクター"とは，試験監督とい

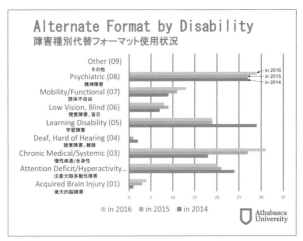

図12-3　障害種別代替フォーマット使用状況
（出典：アサバスカ大学）

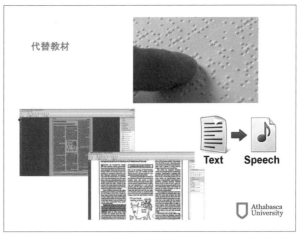

図12-4　代替教材　テキストから点字や音声へ
（出典：アサバスカ大学）

う意味であるが，プロクターUは，2008年に米国で設立されたオンライン試験の監督業務を請け負う私企業で，2018年4月現在，世界中129か国の1,000近くの教育機関で200万件以上のオンライン試験監督を請け負ってきた実績がある。このシステムは米国でも多くの大学がオンライン試験として採用しており，一回の試験時間の長さによって料金が設定されている。米国各地やフィリピンにいるトレーニングを受けた試験監督が学生と会話をし，試験が適正に行われているのかを監視することができるシステムである。

　方法としては，受験者は職場や自宅などでWebカメラとマイクと接続したPCを使う。

　本人の認証方法は，写真付きのIDカードをカメラに写し，本人と写真をプロクターU監督官が撮影し，学生本人に関するいくつかの質問をして本人を同定する。不正行為が行われないように，プロクターU側のPC画面には受験用のPC画面が表示され，不正が起きた場合に認識されるシステムになっている。

　米国にはこうしたシステムを採用する大学が増え続けていること，また，英語圏であれば遠隔地に居住していても，試験監督として採用することが可能であるという条件などがあり，ビジネスとして成功している。日本で遠隔高等教育をさらに発展させるためには，オンライン試験をどのよう組み込んでいくかが重要な鍵となろう。

7. 日本の大学通信教育とアクセシビリティ

　ここでは，日本の大学通信教育の歴史を概観し，次に国内最大の遠隔高等教育機関である放送大学に焦点を当てながら，遠隔教育のアクセシビリティについて考えていきたい。

　大学通信教育は1947年（昭和22年）に学校教育法で定められた正規の

大学教育で，2000年代に入り，修士課程，博士課程が開設された。2016年現在，46大学，27大学院，12短期大学で実施されている。特徴としては，入学試験が書類審査で行われる場合が多く，授業料が比較的安価であることが挙げられる。授業の方法は，文科省によって，①印刷教材などによる授業，②放送授業，③面接授業，④メディアを利用して行う授業，が規定されている。

時間や物理的制約が少なく，在籍年限が長いこともあって時間をかけてゆっくり学習できることから，これまでも多くの障害のある人たちが学んできた。日本学生支援機構の2015年の調査によれば，通信制大学全体の学生数は169,125人，このうち障害のある学生は1,866人で，全体の1.10％であり，通学制の0.64％に比べて2倍近く障害のある学生が在籍している。

しかし，通信制大学における障害学生の支援については，日本福祉大学や放送大学など個々の教育機関による取り組みはあるものの，全体としてのガイドラインは存在せず，実態についても具体的な調査は行われていないのが現状である。

また，メディアを活用した授業の情報保障についても，まだ手探りの状態である。通信制は通学制に比べて学費が安いというのも一つの魅力であったが，同時にそれは教材開発やメディアのアクセシビリティにコストをかけてこなかった面もある。長い間，通信制大学の学習は郵送による印刷教材と，年に数回の面接授業で構成されていた。しかし，時代を追うごとに放送や情報通信技術が活用されるようになってきた。1980年代に放送大学がTV・ラジオによる講義を開始した。2000年代には，インターネットを活用したeラーニングによる授業を行う大学も増え，修士，博士などの大学院も開設されるとともに，学問領域も従来の人文・社会科学系から，情報・社会福祉・自然科学などへと拡大し，需要

も増している。

　情報・福祉分野の通信制大学として東京通信大学が2018年4月に開講した。オンライン授業，オンライン試験などを通して，「いつでもどこでも学べる『学びの機会』を開放する」ことを掲げている。授業は1回15分の講義動画から構成されており，スマートフォンやPCで受講することができる。2018年4月現在，配信される動画には字幕が付与されていない。情報保障，アクセシビリティという点で今後の前進が期待されるところである。

8. 放送大学のアクセシビリティ

　最後に，放送大学のアクセシビリティについて考えてみたい。放送大学に着目する理由は，第一に放送大学は9万人の学生を擁する日本最大の通信制大学であり，障害学生の数も一般の大学の中で最多であること，第二に全国で397校（2018年7月現在）の高等教育機関との単位互換協定を結んでおり，全国の高等教育機関に与える影響が大きいこと，第三に，TV・ラジオによる授業提供に加え，インターネット配信も行っており，特に2016年からはオンラインコースが開設され，アクセシビリティの向上に努めている点が挙げられる。放送大学のチャレンジの道程は，解決しなければならない課題も含めて，情報のアクセシビリティを考える上で大いに参考になるだろう。

（1）放送大学の学びと障害学生

　放送大学では2018年度に障害を自己申告した学生は811人，全体の0.93％である。しかし障害を申告していない学生も数多く，60代以上の学生数が全体の25％以上を占めていることを考えれば，視力や聴力，移動などに問題を抱えた学生も多く，支援のニーズは潜在的に高いと考え

られる。

　放送大学における障害者の定義は，障害者手帳の有無にかかわらず，「身体に障害を有することにより修学上の特別措置を希望する者」とある。特別措置を望む者は，入学前に学習センターにおいて学習センター長と面談し，支援について話し合うことになっている。

（2）放送大学の遠隔教育の手法

　放送大学の基本的学習は，印刷教材とTVやラジオ，インターネットで受ける放送授業と面接授業である。科目によって，TV放送とラジオ放送に分かれており，学生専用サイトからはほとんどの科目をPC，スマートフォン，タブレット端末で視聴できるオンデマンド式のインターネット配信を実施している。

　こうした遠隔教育の手法は障害のある学生にとって有益であり，障害学生のニーズに合わせて教材や教授法を改良し工夫することは，新しいICTの可能性を広げるチャンスでもあり，結果的に他の多くの学生が恩恵を受けることにもつながっている。

　面接授業は全国50か所の学習センターと7か所のサテライトスペースで，年間3,000以上のクラスが開講されている。学部の卒業要件としては，総単位取得数124単位のうち，面接授業またはオンライン授業の単位を20単位以上修得する必要がある。よって，例えば授業を自宅のみで受けることが可能になっている。

　単位認定試験については，年に2回の特定の日時に学習センター，あるいは指定された場所で受験しなければならない。ただし，個々の学生の障害特性に応じて，試験時間の延長，別室受験や支援機器の利用を認めている。試験の措置として点字受験，音声受験，第三者代理回答の記入などの制度を講じている。単位認定試験を自宅で受けられる仕組みを

求める声があるが，その実現のためには，本人確認などをいかに行うか，不正をいかに排除するかなど，乗り越えねばならない壁がある。

(3) 教材のアクセシビリティ―字幕付与（TV 授業・インターネット配信 TV 授業，オンライン学習）

　授業の情報保障としてまず TV 授業番組への字幕付与が挙げられる。必要な人が手元のリモコンで ON・OFF を操作できるクローズドキャプション型の字幕は，聴覚障害や発達障害の学生のみならず，一般の学生にも人気が高い。学術用語が耳から素通りせずに，文字を見ることで記憶に定着するので学習効果も高いと言われている。字幕付与された TV 授業はインターネットでも視聴することができる。現在の映像授業の字幕付与率は60%，今後制作される番組のほとんどは字幕化される予定なので，数年以内に付与率は各段に向上するだろう。

　2016年から開始されたオンライン学習科目のほとんどには字幕が付与されている。字幕付与しにくい数式などのある講義は，パワーポイントなどで情報を伝えられるような工夫がなされている。

　ラジオ授業の情報保障としては，2015年から，インターネット配信のラジオ講座の中から，若干の講座に字幕と静止画の付与をして実験的配信がスタートしている。聴覚障害のある学生で希望する者には，ラジオ台本を送付するシステムはあるものの，すべてのラジオ授業の台本があるわけではない。ラジオ授業の字幕化は喫緊の課題と言えよう。また，字幕と静止画を組み合わせたコンテンツは，聴覚障害者への情報保障という枠を超えて，新しいスタイルの教育コンテンツとしての可能性も秘めている。

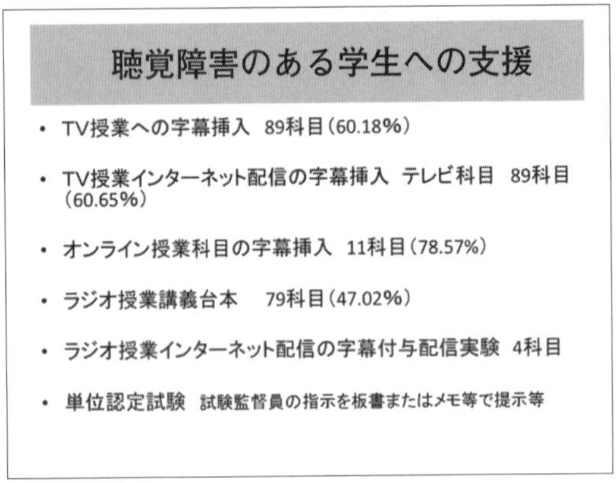

```
┌─────────────────────────────────────────────┐
│      聴覚障害のある学生への支援                  │
├─────────────────────────────────────────────┤
│ • TV授業への字幕挿入  89科目（60.18％）           │
│ • TV授業インターネット配信の字幕挿入 テレビ科目 89科目 │
│   （60.65％）                                  │
│ • オンライン授業科目の字幕挿入  11科目（78.57％）    │
│ • ラジオ授業講義台本   79科目（47.02％）           │
│ • ラジオ授業インターネット配信の字幕付与配信実験 4科目  │
│ • 単位認定試験 試験監督員の指示を板書またはメモ等で提示等 │
└─────────────────────────────────────────────┘
```

図12-5　聴覚障害のある学生への支援

(出典：筆者作成，2017年3月現在)

(4) 印刷教材のテキストデータの配布

　印刷教材は，視覚などに困難がある学生の要望があれば，学習センターを通して，デジタルデータで配布するシステムを構築している。履修科目の印刷教材テキストデータも CD-R で自宅に送付される。例えば，視覚障害のある学生はデジタルデータをパソコンの音声読み上げ装置で聞いている。

(5) Web 活用─視覚障害者向け特設サイト構築

　放送大学の Web ページは，一応，障害者を考慮したものになっている。文字の大きさを変えることができ，音声読み上げ機能も利用できる。しかし，時間割などが枠で表示され，読み上げ機能では読みにくい部分も存在する。苦肉の策として開設された，視覚障害者向けの特設サイトは，表など，読み上げソフトでは読みにくいものを読みやすい形にして掲載しており，授業時間割や，試験時間割，すでに点字化されている科

目の一覧など，視覚障害者にとって重要度の高い情報をアップしている。

テキストの点訳を希望する学生には，学生課がそのテキストの点訳を持っているボランティア団体を紹介するシステムがある。

（6）障害者支援室

放送大学では，2011年に「障がい者支援」が学生課の中に位置付けられ，2017年には「障がいに関する学生支援相談室」が開設された。全国50か所の学習センターと連携をとりながら，障害のある学生への支援の充実のために教職員の情報共有を図り，FDセミナーなどの取り組みが行われている。教材のアクセシビリティ，特に字幕とテキスト教材のデータ化に関しては，世界に誇れるものがある。しかし，全国50か所の学習センターには，既存の大学のように医療とつながる保健センターや学生サポートセンターが存在しない。学習に不安を持つ学生や，発達障害，精神障害などの学生へのサポートに苦慮する学習センターのスタッフへのカウンセリングなど，さらにきめ細かな支援が求められている。

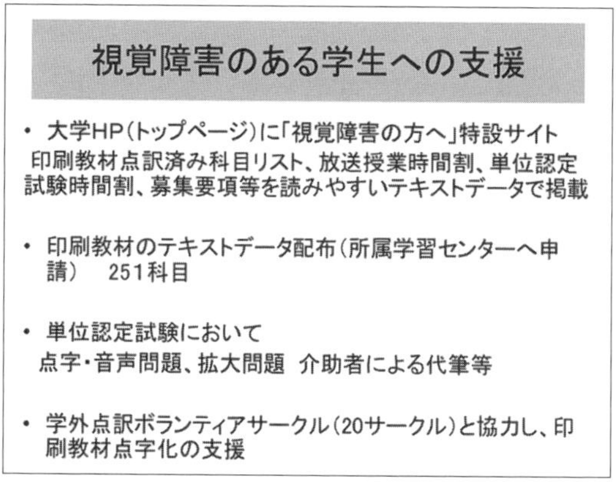

視覚障害のある学生への支援

- 大学HP(トップページ)に「視覚障害の方へ」特設サイト
印刷教材点訳済み科目リスト、放送授業時間割、単位認定試験時間割、募集要項等を読みやすいテキストデータで掲載

- 印刷教材のテキストデータ配布（所属学習センターへ申請） 251科目

- 単位認定試験において
点字・音声問題、拡大問題 介助者による代筆等

- 学外点訳ボランティアサークル(20サークル)と協力し、印刷教材点字化の支援

図12-6　視覚障害のある学生への支援

（出典：筆者作成，2017年3月現在）

9. おわりに

　本章では，従来あった遠隔高等教育がICTの潮流にのってインターネットを活用するようになって，どのように発展してきたか，そのうえで，教材や授業，試験などのアクセシビリティについて学んできた。そう遠くない未来には，遠隔高等教育が物理的距離，時間的制約，さらには言語の壁を越えて，新しい形の学習スタイルを届けることができる時代になるだろう。大学は常にアクセシビリティを意識して，教育環境，学習環境を作っていく必要があるだろう。

参考文献・サイト

1. 大学ICT推進協議会「高等教育機関におけるICTの利活用に関する調査結果報告書」(第3版). 平成28年11月　https://axies.jp/ja/ict/2015report.pdf
   ＊上記に，平成29年度の同協議会の調査結果及びメディア教育開発センター「eラーニング等のITを活用した教育に関する調査報告書（2005年度）」を組み合わせて筆者が作図したものである。
2. アサバスカ大学. http://www.athabascau.ca/
3. プロクターU. https://www.proctoru.com/

13 | 放送と通信のアクセシビリティ

榊原直樹

《目標＆ポイント》 身近な放送と通信の分野において，高齢者や障害者への情報を保障するためにどのような配慮が行われているかについて解説する。
《キーワード》 字幕，手話放送，災害対応

1. はじめに

　私たちは電波や電線を通じて放送や通信を利用している。放送大学もその名のとおり，放送を通じて皆さんに講義を配信している。
　放送は，放送局から多数の受信者に対して一斉に番組を配信する一対多の関係にあることに対して，通信の場合は通話の相手と一対一のコミュニケーションを行うことになる。
　放送の場合は利用者がどのようなニーズを持っているか事前に特定することができない。そのため，あらかじめ利用者のニーズを考慮して放送コンテンツを作らなければならない。放送コンテンツに対するニーズはさまざまだが，最も大きなものは番組の内容を理解するための補助的な情報の提供だろう。聴覚障害の人は放送の音声が聞こえないため，代わりとなる字幕や手話の提供が必要になる。視覚障害の人は映像を見ることができないので，ドラマの場面や情景を説明する解説が必要になる。
　通信の場合は一対一の関係でコミュニケーションするため，知り合いの関係であれば，お互いがやりとりするために最適な方式を選べばよい。

現在はさまざまな電気通信サービスが提供されているので，その中から自分に適したものを選べばよいだろう。しかし現在でも自由に通信方法を選べない場合がある。第5章で挙げた例のように，電話口で本人確認できないと受付しない窓口などがある。こうした困難を解消するために，受付などは複数の方式で通話できるようにしていくとともに，利用者に個別のニーズにできるだけ対応する合理的配慮の考えを広めていく必要がある。

通信のアクセシビリティを考える際に，もう一つ重要なポイントは通信内容の秘密を守らなければならないことである。通信の秘密を保証することは，プライバシーや表現の自由を守るために必要なもので，憲法で第21条第2項にも定められている。障害のある人が通信を行うときに，第三者の助けを借りた場合，その第三者は通信の内容を知り得る可能性がある。もしその内容を外部に漏らしてしまったら，通信の秘密を守ることができなくなってしまう。電話リレーサービスのように，当事者同士の通信を第三者が中継する場合，中継をするオペレーターは通信内容を知ることになる。そのため，こうした立場の人はプロフェッショナルとしての技術と倫理観を育成した上で，情報を外に漏らさないような管理体制の下に仕事をしている。こうした専門家を育成していくことも通信のアクセシビリティを担保していくために必要なことだろう。

2. 放送のアクセシビリティ

ここでは放送分野でアクセシビリティを向上させるために，どのような取り組みが行われているかについて紹介する。

（1）字幕放送

字幕放送とは，ニュースやドラマのセリフやナレーションなどの音声

情報を文字にして画面に表示する放送サービスである。聴覚障害者を主な対象にしているが，空港や病院の待合室など，音を大きく出せない場所でのテレビ視聴や，耳が聞こえにくくなった高齢者にも利用されている。外出先で携帯電話やスマートフォンなどでワンセグ放送を視聴するときに，イヤホンを持ち合わせていないので代わりに字幕でテレビ番組を視聴した経験のある人もいるだろう。また日本語を母語としない外国人など，テレビ視聴の際に字幕を見ることで，内容を理解することの助けになる。

このようにテレビ番組の字幕は，私たちの身近な存在になっているが，手軽に利用できるようになったのは地上波デジタル放送に切り替わった2011年からである。

地上波のアナログ放送の時代には，別売りのデコーダーを取り付けなければテレビに字幕を表示できなかった。また対応している番組自体が少なかったため，字幕付きで楽しめる番組字体が限られていた。

現在一般的に市販されている地上波デジタル放送に対応したテレビには，字幕表示の機能が標準で内蔵されているため，特別な機器を購入することなく，最初から字幕を表示することができるようになった。

また字幕付与に対応する番組も増えている。平成28年度現在，総放送時間のうち，NHKで85％，民放では60％程度の字幕が付与されている[1]。アナログ放送時代に比べれば格段に増えたが，まだ生放送の番組や，深夜番組など，すべての番組に字幕が付与されているわけではなく，今後の改善が望まれている。

(1) 字幕の表示方式

字幕を表示する方法は大きく分けて2つある。1つはオープン・キャプション（Open Caption）と呼ばれる方式である。あらかじめ画像に

---

(1) 総務省（2017）「平成28年度の字幕放送の実績」

文字を重ね合わせた状態なので、常に字幕が表示されている。画像の一部として表示するため、特別な再生装置は必要ないが、再生の際に表示をオフにできないため、字幕が不要な場合には不便である。

　これに対して画像と字幕を別々に配信し、再生する際に合成して表示する方法をクローズド・キャプション（Closed Caption）という。普段は字幕が隠れていて、必要なときだけ表示されるためクローズド・キャプションと呼ばれている。表示するためには、この方式に対応したテレビや専用のデコーダーが必要である。なおかつ画像と字幕のデータを別に分けて送らなければならないため、オープン・キャプションに比べて手間がかかるが、視聴の際の利便性が高い。字幕の文字情報が独立しているために、表示の際に文字の色やサイズ、フォントなどを後から変えることなども技術的には可能である[2]。また、多言語対応も可能であるなど、さまざまなメリットがある。

(2) リアルタイム字幕の作成方法

　収録済みの番組であれば、後から録画を見ながら話している内容を文字に起こせばよい。聞き取りにくくても何度でも再生できるので正確な文字を書き起こすことができる。放送大学のテレビ講義にも字幕が付与されているが、これも収録後に字幕を付けている。

　しかし生放送のように、即時に音声が流れる番組は後から字幕を付与することができないので、その場でリアルタイムに字幕を付与する必要がある。

　字幕を表示するためには、聞き取った音声をオペレーターがキーボードで文字入力していくことになる。日本語は漢字仮名交じり文章なので、入力した文字を漢字変換する必要があるため、その作業の分だけ時間がかかる。これに対して英語のような表音文字の場合は、入力した文字が

（2）現在の地上波デジタル放送に対応したテレビでは変更できない。

そのまま表示できるため，リアルタイムの字幕付与が容易である。欧米のテレビ放送で字幕の付与率が高いのは，法律で義務付けられていることもあるが，このような言語的な問題に起因する点も大きい。

　誤入力や漢字の誤変換が残った文字を，そのまま放送するわけにはいかないので，複数の人がチェックを行う。最初に入力された文字を，次の人が確認をし，もし間違いがあればそこで修正をする。正確性を担保するには，最低でも2人の入力者が必要である。作業時間が長ければ入力者の集中力が下がりミスも多くなるため，控えの2人組と交代して入力を引き継ぐ。

　人手による文字入力は負担が大きいため，コンピュータによる音声認識入力を利用した文字変換も行われている。音声認識の技術は近年大きく進歩し，スマートフォンなどにも応用されている。しかし，その認識率はいまだに100%とは言えない。また，生放送中は出演者の声以外にもさまざまな音が流れており，そのまま音声をコンピュータで入力しても精度が下がってしまう。そのため字幕を付けるときにはリスピークという手法が使われている。リスピーク（Re-speak）は「話し直す」という意味で，出演者の話した内容を聞いた入力者が，音声認識用のマイクに向かって話し直して，音声入力を行う方式である。これは別のスタジオでヘッドフォンで音声を聞きながら入力を行うため，雑音が入らない。また，入力者の声の特徴に合わせて調整されているため，通常の会話を入力するよりも認識率が高くなる。このような配慮をしても日本語であれば漢字の誤変換が発生するため，リアルタイム文字入力と同様，チェックの必要がある。

図13-1　リアルタイム文字入力の方法

(出典：筆者作成)

　放送事業者は，正確な内容を伝えるために文字入力についても最新の注意を払って作業をしている。入力とチェックの時間がかかる分だけ，生放送では，会話のタイミングと字幕の表示のタイミングがずれるのである。そのため文字入力の正確性と速度を両立し，低コストで字幕を作成することが，今後の課題である。

(2) 解説放送
　視覚に障害のある人のために，映像に関する説明（出演者の表情，情景描写など）を，副音声によるナレーションで伝える放送サービスが解説放送である。例えば，刑事物のドラマで，犯人と刑事が無言で向かい合って対峙しているという緊迫感のある場面も，視覚障害者にはどのような状況なのか理解することが難しい。それを補うために解説が差し込

まれる。

解説放送は，出演者の元のせりふの邪魔にならないように，せりふとせりふの間に差し込まれる形でナレーションが行われる。また，画面に映っている情報を客観的に伝えることに注意が払われている。作品の印象は視聴している本人が判断するものなので，解説放送では主観を排した形で解説を行っている。

解説放送付きの番組を視聴しているときにテレビの音声を「副音声」にすると利用できる。通常，テレビのリモコンの「音声切替」ボタンを使って，「副音声」に切り替えると利用することができる。

(3) 手話放送

手話による通訳を伴う放送も行われている。代表的な放送に政見放送がある。字幕が付いていれば，手話放送は不要だと考える人もいるが，短時間で切り替わる字幕を目で追いかけることが難しい人もいる。聴覚障害者が用いる日本手話は，日本語の文法と異なるため，日本手話を母語とする人の中には，日本語の文字情報を理解するために時間がかかる人がいる。そのような人たちにとっては，素早く切り替わっていく字幕を即座に理解することが難しい場合がある。そのため重要な情報については手話を付けることが必要なのである。

(4) 解説画像の表示色

画面に表示される図解や図表など，文字以外で情報を提示する場合がある。これを作成するときに，分かりやすくするために色分けして図を作成することがあるが，色の組み合わせによっては色覚障害者に見分けがつきにくくなってしまうことがある。気象庁が発表する地震の際の津波警報の表示は，その重要性を色の違いによって知らせるが，これを作

成する際の色の組み合わせについては，以前から改善の必要性について指摘されていた。また図表は各放送局が独自に作成していたため，重要性と色の対応が統一されていなかった。このためチャンネルを切り替えるときにとっさに判断できない可能性もあった。

こうした問題を踏まえて，現在では津波に関する警報を図解するときの統一基準が作られている。

表13-1　津波警報の表示色の統一ルール

大津波警報	紫
津波警報	赤
津波注意報	黄色
背景の地図	灰色
海	濃い青

（出典：東京大学 分子細胞生物学研究所 Web サイト）

（5）放送のアクセシビリティ対応の経緯

日本では1997年の放送法の改正を受けて，総務省（当時は郵政省）は同年11月に「字幕放送普及行政の指針」を策定した。この指針で今後10年の間に"新たに放送する字幕付与可能な放送番組のすべてに，字幕が付与される"ことを行政としての目標とした（表13-2）。

この指針は技術向上などの動向を踏まえ，定期的に見直され，2018年には「放送分野における情報アクセシビリティに関する指針」として，新たに次のような数値目標が掲げられた（表13-3）。

この指針では字幕付与の目標が，付与可能な放送番組に限られており，すべての番組に対応しているわけではない。

表13-2　字幕放送普及行政の指針

（国内放送等の放送番組の編集等）
　第4条第2項
　　放送事業者は，テレビジョン放送による国内放送等の放送番組の編集に当たっては，静止し，又は移動する事物の瞬間的影像を視覚障害者に対して説明するための音声その他の音響を聴くことができる放送番組及び音声その他の音響を聴覚障害者に対して説明するための文字又は図形を見ることができる放送番組をできる限り多く設けなければならない。

(出典：放送法，第4条)

（6）IPTVのアクセシビリティ

　高速なインターネット回線が普及したおかげで，電波を用いる代わりにIP（インターネット・プロトコル）を使ったIPTVが注目されている。インターネットに接続することで，見たい番組をいつでも見られるビデオ・オン・デマンド（VOD）や，ダウンロードなどの便利なサービスを利用することができる。インターネットを通じて情報を送受信するため，番組そのものだけでなく，番組を補う多様なアクセシビリティ情報を送ることが可能になっている。

　IPTVのアクセシビリティについては，国際標準化団体のITUが作成したH.702（Accessibility profiles for IPTV systems）というガイドラインがある。

字幕放送（※1）

表13－3 「視聴覚障害者向け放送普及行政の指針」より一部抜粋

	普及目標の対象		目標	備考
	放送時間	放送番組		
NHK	6時から25時までのうち連続した18時間	字幕付与可能な全ての放送番組	・対象の放送番組の全てに字幕付与（※2）	・教育放送及びBS1については、できる限り目標に近づくよう字幕付与、BSプレミアムについては、対象の放送番組の全てに字幕付与（※2）
地上系民放（県域局以外）		「字幕付与可能な放送番組」とは、次に掲げる放送番組を除く全ての放送番組 ①技術的に字幕を付与することができない放送番組（例：現在のところ複数人が同時に会話を行う生放送番組） ②外国語の番組 ③大部分が歌唱や楽器演奏の音楽番組 ④権利処理上の理由等により字幕を付与することができない放送番組	・対象の放送番組の全てに字幕付与（※2）	
（県域局）	大規模災害等が発生した場合は、この時間に関わらず、できる限り速やかに対応		・2027年度までに対象の放送番組の80%以上に字幕付与。できる限り、対象の全てに字幕付与	・独立U局については、できる限り多くの番組に字幕付与
放送衛星による放送（NHKの放送を除く）			・2027年度に対象の放送番組の50%以上に字幕付与。できる限り、対象の全てに字幕付与	・2000年度に放送を開始した総合放送を行う事業者以外の放送事業者については、2027年度までに、できる限り対象の放送番組の全てに字幕付与
通信衛星による放送有線テレビジョン放送			・当面は、できる限り多くの放送番組に字幕付与	

※1 字幕放送には、データ放送やオープンキャプションにより番組の大部分を説明している場合を含む
※2 7時から24時以外の1時間については、2022年度までに対象の放送番組の全てに字幕付与

（出典：総務省Webサイト）

3. 通信のアクセシビリティ

電話やFaxのような通信機器の果たす役割は，日常の生活を支える社会インフラとして欠かせぬものとなっている。従来の電話回線による音声通話やFAXによる図や文字の送信に加え，インターネット回線を利用したIP電話機やテレビ電話機なども一般に利用されるようになり，これまで以上に多様な通信手段を利用できるようになった。また，携帯電話やスマートフォンは，利用者数の増大と共に端末やサービスによる企業間の競争により，さまざまな機能が搭載された小型の端末が登場するようになった。

これらの通信機器を使いこなすことができれば，高齢者や障害を持つ人にとって非常に有効だろう。電話機の発明が視覚障害者の社会進出を推し進め，FAXなどの文字伝送通信が聴覚障害者のリアルタイムな情報交換を変えた。さらに携帯端末を介した電子メールによって，いつでもどこででも文字通信によるやり取りを可能にしたことは画期的であった。

日常生活に欠かせぬものになった電気通信機器が，高齢や障害を理由に利用できないということがあってはならない。通信機器のアクセシビリティ機能は向上しているが，コミュニケーションの性質上，機器単体だけでは十分にサービスを提供できず，それらを補うための方法が提供されている。

（1）通信機器のアクセシビリティ

電話機やスマートフォンには，高齢者や障害者にとって便利な機能がある。特にスマートフォンには，個人のニーズに応じて機能や表示などの設定を変更できるようになっているので，加齢や障害の特性に合わせ

て変更できるようにするとよい。ここでは，高齢者・障害者を想定して利用シーンごとのスマートフォンのアクセシビリティ機能について整理する。

(1) 視覚障害者（全盲）
　全盲の視覚障害者は，スマートフォンの画面を見ることができず，通常のタップ操作をすることもできない。スマートフォンでは，この問題を解決するために画面読み上げの機能を搭載しており，この機能をオンにすることで画面上の要素を読み上げることができる。読み上げる場合には，任意の場所を触るとその箇所を読み上げるやり方と，指をなぞることで矢印キー操作に似た動作を行い，画面の要素を順次動かして読み上げる方法とがある。

(2) 視覚障害者（弱視）
　弱視の視覚障害者は，一般的なユーザーにとって大きめな文字でも読みづらさを感じるような人たちである。スマートフォンには画面ズーム機能があり，この機能をオンにすると，あらゆる画面を特別な操作でズームすることができる。また，画面の表示色を反転できる設定などが可能である。

(3) 聴覚障害者
　聴覚障害者については，音に対するニーズがある。通話の際に，相手の声が聞こえやすくなるように，周囲の雑音をカットする機能などがある。
　また，補聴器で電話機の音が聞こえやすくなる機能がある。補聴器にはテレコイルモードという機能があり，電話器のスピーカーから音声を

ダイレクトに補聴器で聞くことができる。周囲の雑音が入らないため，相手の話し声が明瞭に聞こえる。

最近の補聴器には無線接続のBluetooth規格に対応したものがあり，この機能を使用して，テレコイルモードを実現することもできるようになっている。

(4) 肢体不自由者

肢体不自由者で問題となるのは，画面の小ささとタッチパネルの操作である。小さなボタンをうまく押すことは難しいことがある。また，口にくわえたマウススティックでの操作を行うときには，2本指を必要とするピンチ操作ができないことがある。ただし，iPhoneのAssistive Touchの機能など，画面の操作を簡略化する機能を使うことで，ある程度対応できるようになった。

(5) アクセシビリティ機能の一般化

スマートフォンのように持ち歩いて利用する機器は，どのような状況で使われるか想定できない。もしかしたら，薄暗い場所や騒音環境下，荷物を持っていて片手がふさがっている状況など，健常者であってもスマートフォンを操作するときに不便な状況がある。この節で紹介したアクセシビリティの機能は，障害者だけでなく，健常な人にとっても便利な機能である。障害者のニーズに対応することは，使い勝手の範囲を広げ，健常な人にとってもメリットがあるのである。

(2) 通信サービスのアクセシビリティ

端末だけではアクセシビリティを担保することができない場合，当事者の間に入る中継サービスによって対応する場合がある。

(1) 電話リレーサービス

聴覚障害者が電話を利用する際に，相手の声が聞こえないため，間に通訳者をリレーしてコミュニケーションを行うのが，電話リレーサービスである。

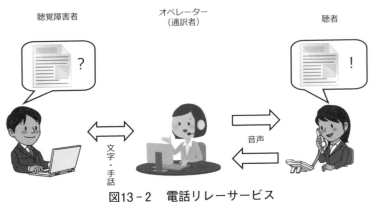

図13-2　電話リレーサービス

（出典：筆者作成）

メールやチャットなど文字を利用した通信方法が現在では利用できるが，緊急時の電話などは，まだ音声電話を利用しなければならない場合がある。

アメリカでは第5章で紹介した「障害を持つアメリカ人法」で電話会社がこのサービスを提供することが義務付けられているが，日本では未対応である。

音声の電話リレーサービスのほかに，最近ではテレビ電話を用いたビデオリレーサービスも実用化されている（図13-3）。

図13-3　ビデオリレーサービスの例
（提供：株式会社シュアール）

4. 放送と通信のアクセシビリティ

　障害者の権利に関する条約の批准にあたって改正された障害者基本法では，コミュニケーションについて「全て障害者は，可能な限り，言語（手話を含む。）その他の意思疎通のための手段についての選択の機会が確保されるとともに，情報の取得又は利用のための手段についての選択の機会の拡大が図られること」という記述がある。

　2014年の障害者総合支援法では意思疎通支援として支援を行う者の派遣や養成などを行う制度として施設支援を規定し，コミュニケーション支援について触れられている。障害者差別解消法では具体的なコミュニケーションに関しての記述はないが，合理的配慮の中に含まれるのではないかと考えられる。

　これらの法律の中でコミュニケーションの重要性が指摘されている

が，まだ実効性を伴う具体的なものとは言い難い。例えば，障害者総合支援法の意思疎通支援事業は，自治体ごとに行われるため予算や実施の規模が異なる。そのため個別のニーズに合った対応が不足していることなどがある。

　こうした不足を補うために，各地の自治体が独自に情報やコミュニケーションに関する条例を制定している。日本で最初に制定された情報・コミュニケーションに関する条例は，2013年に鳥取県で制定された「手話言語条例」である。これは障害者の権利に関する条約において「手話は言語である」と明記されたことを受けてのことである。その後，2015年に明石市で，手話言語に加え，視覚障害者や肢体不自由者のコミュニケーションを支援するための「情報・コミュニケーション条例」制定されている。手話言語に関する条例は120か所以上，情報・コミュニケーション条例については17か所が2017年時点で制定されている。

　聴覚障害者の当事者団体である全日本ろうあ連盟が，情報・コミュニケーション法の策定に向けて活動しており，その実現が期待されているが，まだしばらく時間がかかりそうである。そのため現在は各自治体が，法の制定を先取りして条例を設置している状態である。

　情報・コミュニケーション条例の多くは，各自治体によって異なるが，概ね次のような項目を含んでいる。

1．手話を言語として認めることで，情報保障の場面を広げる
2．聴覚障害だけでなく，視覚障害や肢体不自由者，知的障害や精神障害など，さまざまな障害に対して，個々のニーズに応じたコミュニケーション手段をとること
3．これらの実現に対して必要な措置をとること

聴覚障害者にとって手話は非常に重要なコミュニケーション手段である。しかしすべての聴覚障害者が手話を使用するとは限らない。病気や事故などが原因で大人になってから聴覚障害になった人は，手話を取得するまでに時間がかかる。そのため手話を使用する人は聴覚障害者全体の10％ぐらいである。手話だけでは聴覚障害者全体の情報保障を行うことはできない。そのため字幕の付与や，筆談，通信機器を用いた文字チャットなど，個々のニーズに応じたコミュニケーション手段が求められる。

　視覚障害者も同様で，中途で視力を失った人が点字を覚えることはとても難しいため，点字図書だけではなく，録音図書や対面朗読コンピュータによる音声読み上げなどのコミュニケーション手段を選べるようにしておくことがある。

　コミュニケーションの問題というと，どうしても放送や通信などのICT（Information Communication Technology）に関する技術的な制約がネックになっていると捉える人がいる。確かに技術的に困難な問題も残されている。しかし，実際は技術を導入するための予算や専門家の不足に依存するところも大きい。そして，それらの予算や専門家の不足は制度的な不備から起こるものでもある。

　障害のある人が他者との関わりながら自ら意思決定するために，コミュニケーションは欠かせないものである。それを保障するためには予算の確保や制度の整備，専門家の育成や技術的な開発が今後も継続して行う必要がある。

参考文献・サイト

1．総務省（2017）「平成28年度の字幕放送の実績」
　http://www.soumu.go.jp/menu_news/s-news/01ryutsu09_02000174.html
2．東京大学　分子細胞生物学研究所 Web サイト
　http://jfly.iam.u-tokyo.ac.jp/color/tsunami/
3．「放送分野における情報アクセシビリティに関する指針」
　http://search.e-gov.go.jp/servlet/PcmFileDownload?seqNo=0000169962
4．総務省 Web サイト：http://www.soumu.go.jp/main_content/000524082.pdf
5．手話言語条例マップ：https://www.jfd.or.jp/sgh/joreimap
6．一般社団法人　全国ろうあ連盟
　https://www.jfd.or.jp/2012/01/18/pid7868

14 | 雇用におけるユニバーサルデザイン

近藤武夫

《目標&ポイント》 雇用のユニバーサルデザインにおいて，障害者などが労働に参加することを可能にしてきたICT活用が業務のアクセシビリティやテレワークなどの実現に大きな役割を果たしてきた。しかしながら，雇用慣行や制度による制約もいまだ残されている。本章では，ICT活用と文化・制度の制約の両面を理解することを目標とする。
《キーワード》 アクセシビリティ，テレワーク，日本型雇用慣行，合理的配慮

1. 雇用・労働のユニバーサルデザイン

　幾つかの理由で，私たちは社会生活を送る上で，「雇用と労働」を必要としている。まず，私たちが生計を立てるための主な収入は，労働者が，その労働の対価として雇用主から得る賃金によることが一般的だ。投資などその他の収入が一般に広がった現代においても，多くの人々は労働を通じて富の分配を受けている。次に，収入だけではなく，現代の社会制度は雇用と労働を軸として構築されているため，個人がより良い社会保障を受けるための方法としても，雇用と労働が必要となる。特に，社会保障の主柱の一つである社会保険のうち，健康保険と厚生年金保険は，現在，労働時間の長さで言えば，週あたり20時間以上働く労働者のみが加入することのできる制度となっている。また，雇用主にそれらの掛金の半分を負担する義務を課すことで，労働者にとって条件の良い社

会保障が構築されている。

　そしてもう一つは、雇用が個人の社会的アイデンティティの基礎となっている点である。現代日本において、雇用は「特定の組織に所属すること」を意味しがちであり、そのため個人にとっては、特定の組織に所属することを基礎として、社会的なアイデンティティを持ち得ることが少なくない。「私はA社の社員です」という所属の在り方が、「社会において自らが何者であるのか」を規定する上で、多くの人たちにとって重要な要素となっていることは事実だろう。このように、雇用と労働は、私たちが現代の人間社会を生きる上で、ほとんど不可欠と言ってよいほど重要な部分を占めるものである。加えて、私たちが学校教育を受ける期間を終え、保護者の扶養を離れて、自らの収入のみで生活を成り立たせることは「自立」と呼ばれる。早ければ中学校までの義務教育を終えた15歳ごろ、遅ければ大学や大学院を修了したころから、その後、一般的には高齢等による機能障害などにより働けなくなるまで、私たちの社会参加は雇用と労働が中心となっていく。

(1) 障害者と労働

　ではその「雇用と労働」は、多様な人々にとって開かれたものだと言えるだろうか。かつて「障害」という言葉は、「働けないこと」を意味する言葉だったと言える。また、緩やかに複数の障害を得ていく過程である「高齢」もまた、「働けないこと」につながっていく概念だったと言える。しかし1970年代以降、「障害の社会モデル」が国際社会に共有されはじめ、2006年に国連で成立した障害者権利条約として実を結ぶ中で、日本の状況もまた、変化してきた。社会モデルでは、個人の能力の問題で社会参加できないのではなく、「社会の在り方が、障害者が参加することを前提とした形になっていないことから、社会参加の制限が生

じる」という考え方に立脚する。つまり，障害があるから働けないのではなく，「雇用環境が障害者が働くことを想定したつくりになっていないから，働けない（だから，個々人の必要に応じた合理的配慮や，事前的な環境の整備をしよう）」という考え方が重視されるようになってきた。実際に，2016年に施行された改正障害者雇用促進法では，障害者に対する不当な差別的取扱いの禁止と合理的配慮の提供が，すべての企業に対して義務化されている。必要かつ適切な範囲での変更や調整が図られれば，（もちろん全員ではないが）障害のある人は働くことができると考えられるようになったと言えるだろう。

（2）高齢者と労働

　高齢者については，障害者とはまた違った位置付けも存在する。第二次世界大戦後の1945年，7,200万人ほどだった日本の人口は，高度経済成長期と安定成長期を通じて急速に増加し，1990年には1億2,400万人となった。そのころから人口増加は緩やかとなり，2015年には日本の総人口は，1億2,700万人となった。また同時に少子高齢化が急速に進んでいる。1990年には総人口に占める65歳以上人口の割合（高齢化率）は12.1％だったが，2015年には26.6％に上昇している。国立社会保障・人口問題研究所の推計（出生中位・死亡中位推計結果）では2030年の人口は1億1,100万人，高齢化率は35.3％となる。つまり，2015年から2030年の15年で，日本の人口は1,600万人減少する。2015年の国勢調査によれば，九州の人口が約1,300万人，四国が384万人とされている。すなわち，現在の九州・四国全体からほとんど人がいなくなるほどの人口減少となる上に，日本国民の3人に1人が高齢者となることが予測されている。

　高齢者では，個人差が非常に大きいものの，目が見えにくい，耳が聞こえにくい，体が動かしにくい，内臓に疾患があるなど，障害者手帳は

持っていなくても，障害に類した，何らかの生活のしづらさが生じてくる。加えて，高齢者の社会保障費の増大と支え手である若者の減少から，「一定の年齢でリタイアして年金をもらいながら働かずに生活する」という典型的なかつての高齢者の生活スタイルをなぞることは非常に困難になることが予測される。その結果，人口としても労働者としても，高齢者がその大部分を占めるようになる近い将来では，現在のような「健康で若い男性が働くこと」を想定した雇用・労働の環境や制度，慣行は，実際の労働者像とは全くそぐわなくなるだろう。

以上のような社会情勢を背景として，今後ますます，多様な人々を包摂することのできる雇用と労働のユニバーサルデザインが求められるようになるだろう。雇用や労働のユニバーサルデザインを実現する上では，労働における「個々の業務のアクセシビリティを保障すること」と，「多様な働き方を包摂すること」という2つの側面の取り組みが必要となる。また，これらの2つの側面の取り組みに対して，ICTは大きな役割を果たしている。本章では，まず前者である「業務のアクセシビリティ」についてICTの関わりを述べ，次に後者である「多様な働き方の包摂」へのICTの関わりについて述べる。最後に，日本における労働社会の在り方や福祉施策の現状に関して，雇用のユニバーサルデザインに対して衝突や不整合を起こしている点について論じる。

2. 業務のアクセシビリティとICT

雇用・労働におけるICTの利用は，当初はオフィス内の事務業務の自動化（OA：Office Automation）のために導入が始まったと言ってよいだろう。コンピュータの技術開発の発展に伴い，研究機関等における科学技術計算などの特殊な用途だけではなく，一般的な企業の通常の業務においても，コンピュータが使われるようになった。具体的には1970

年代以降，オフィス・コンピュータと呼ばれる事務処理用の端末が製品として開発・販売され，例えば給与計算や顧客管理のデータベース作成など，それまで紙の印刷物上で行われていた業務が，専用のコンピュータ上で行われるようになった。やがて1980年代以降は，パーソナル・コンピュータが市販されるようになり，職場において文書作成や表計算，データベース処理が可能なアプリケーション・ソフトウェアが使用されるようになっていった。

また，1990年代以降，デスクトップ型のコンピュータ以外の形態として，ラップトップ型（ノート型）やハンドヘルド型の小型端末が登場して市販製品として一般化していった。可搬性のあるこれらの製品の登場によって，例えば営業先での文書作成やプレゼンテーション実施，運送における配送物の管理業務など，社内のデスクワーク以外の場所でも，ICTが利用できるようになった。このように，業務でのICT活用は，もはや現代の企業において不可欠なものとなっている。

（1）アクセシビリティ機能の一般化

業務にICTが利用されるようになったことで，障害のある人々の雇用への参加には肯定的な影響が生じた。まず，第8章で詳説されているように，ICTはその登場以降，障害のある人々がICTを操作できるよう保障するため，「アクセシビリティ機能」と呼ばれる機能を発展させ，またICT利用を補助するさまざまな支援技術（Assistive Technology）の研究開発と実用化が進んできた。特にアクセシビリティ機能は，1990年代以降，パーソナル・コンピュータのオペレーティング・システムとしてシェアが拡がったWindowsやMacOSを中心に実装が進んできた。

アクセシビリティ機能の例として，例えば，肢体不自由や四肢の不随意運動があり，通常のキーボードやマウスの操作に困難さを感じる人々

が，キー入力の感度を調整したり，複数キーの同時押しを助けたり，音声で文字を入力できるようにしたりといった，障害のある人もコンピュータを楽に操作できるように補助する機能がある。また，弱視等の視覚障害，学習障害等の読字障害があり，画面上に表示された文字情報を読むことに困難さを感じる人々が，拡大表示や白黒反転，音声読み上げ等で情報を楽に得られるようにするための機能などもある。アクセシビリティ機能は，現在，一般的なオペレーティング・システムでは，標準の機能として備えられるようになった。

　アクセシビリティ機能が一般化したことで，障害のある人々が一般的なコンピュータを操作できるようになり，その結果として，コンピュータ上で行うことが一般化した事務業務を担当できるようになるなど，担当できる業務の範囲が拡がった。アクセシビリティ機能や支援技術は，日常生活や教育においても，障害者の社会参加の範囲を拡大する手段でもあるが，雇用と労働という社会参加の形においても，非常に重要な意義を持っている。

(2) 支援技術によるニッチなニーズへの対応

　アクセシビリティ機能に加えて，そうした機能と組み合わせて利用する機器や，アクセシビリティ機能だけではサポートできない障害のある人々のコンピュータ利用を支援する支援技術製品も多数市販されている。四肢の運動に障害がある人にとって使いやすいキーボードやマウス，指先の動きだけでコンピュータに操作を伝達できる特殊なスイッチをコンピュータに接続できるスイッチ・インターフェイス，視線の動きだけでコンピュータを操作できる装置，画面の文字情報を点字として表示できる点字ディスプレイなど，通常のコンピュータ製品では実現できない特殊なニーズを満たすことができる製品も国内外で開発された。これら

は，現在でも市販の製品として入手することができるようになっている。

これらの支援技術製品は，ユーザーの絶対数の少なさから生産数が少なくなるため，高価であることも多い。そのため，高価だが必要性の高い機器の入手を支援するために，政府の福祉的な補助（障害者総合支援法による日常生活用具等給付事業に基づく障害者個人への給付，独立行政法人高齢・障害・求職者雇用支援機構による障害者作業施設設置等助成金・障害者福祉施設設置等助成金に基づく企業への助成）も行われている。

前述したアクセシビリティ機能のように，特殊な支援技術製品を購入・入手しなくても，障害者のコンピュータ・アクセスを保障する方法が拡大し，多様な利用者が一般的なパソコンやタブレットを利用できるように間口が拡がった。そのことで，特殊な支援技術製品は不要となり，かつて存在していた製品の淘汰が進んでいる。このことは，ICTのユニバーサルデザインが進むことで，個々のユーザーが特殊な支援技術を準備する必要性が少なくなることを意味する点で，ポジティブな意味合いがある。一方で，アクセシビリティ機能だけでは対応できないケースや，さらに使い勝手の良い製品を望むニーズに応えるために，いまだ淘汰されていない支援技術製品もある（点字ディスプレイや点字プリンター，高機能なスクリーンリーダーはその例の一つである）。このような支援技術についての知識や経験が蓄積されることで，これまで労働力として考えることが難しかった人々を雇用して共に働くことができる。支援技術の活用は，雇用において重要なポイントであると言える。

3. 多様な働き方の包摂と ICT

　ICT は，業務上の個々の作業のアクセシビリティを向上させるだけではなく，これまでにない働き方を実現するツールにもなる。パーソナル・コンピュータの普及によって，「必ずしも職場に行かなくても，パソコンさえあればどこでも作業ができる」という状況の芽生えは，パソコンが普及し始めた1980年代から存在した。やがて職場に行かなくても，職場で行っていたことと同様の業務を，自宅に居ながらにして行い，職場で働くのと同じように給与を得る，という働き方が生まれた。「テレワーク（telework：決まった職場ではなく自宅など遠隔地から働くこと）」とは，職場に出勤しなくても，自宅やその他の職場以外の場所で働くことを意味し，米国で生まれ日本でもよく知られている言葉である。

　また，ICT とインターネットの普及により，企業が労働力を手に入れる際に，「労働者を雇用して職場で働いてもらう」，「業務委託に先立って，企業が希望する業務を実施してくれる業者を何らかの方法で探す」という従来の方法とは異なる方法が生まれ始めている。それは「クラウドソーシング（crowdsourcing）」と呼ばれる業務委託の形である。インターネット上で不特定多数の人々に対して，企業側が求める成果物（コンテンツやサービスなど）の内容とその成果に対して支払う対価を提示し，不特定多数の人々のうちのいずれかまたは複数が従事することで成果物を得る方法である。

　これらの方法は，これまでの典型的な労働観である「企業に所属し，職場に毎日出勤して終日働き，その対価として給料を得る」という形で働くことが難しかった人々に，柔軟な働き方ができる道筋を作り，多様な人々を包摂できる雇用の場を生んでいる側面がある。また，これらの働き方を実現する上では，ICT の活用は不可欠なものとなっている。

(1) テレワークとICT

　テレワークは，障害があるために通勤することや，長時間の職場での勤務が大きな負担になっている人々や，子育てや介護などに携わる必要があり，働く時間や出勤することに制限がある人など，多くの人々にとって，雇用の間口を広げ，ユニバーサルにするための手段となっている。

(1) 米国政府によるテレワークの推進

　テレワークは，米国を中心として，1990年代ごろから一般化している。その強力な推進役となったのは，米国連邦政府により1990年ごろから始まった，連邦職員に対するテレワークの制度的な促進策である。近年では，2011年に「テレワーク強化法（Telework Enhancement Act）」が成立し，できるだけ多くの連邦職員がテレワークを活用できるようになることを目指す施策がさまざまに行われている。このようにテレワークが推進されている理由として「オフィスの気忙しさから解放され，労働によって起こるストレスを低減し，緊急時には通常とは別の職場を提供する」とされている。労働者に柔軟な労働環境を提供することはもちろん，災害やテロなどにより普段の職場が利用できなくなった際にも行政機能を保持できるようにしたい，という危機管理の目的も含まれていることが興味深い。連邦政府の人事管理局（OPM）のテレワーク強化法に関する2017年の報告書では，連邦職員約218万人のうち，テレワーク利用の適格性のある職員は約90万人おり，そのうち約48万人は，個々の必要に応じてテレワークを利用していることが示されている。

(2) 日本におけるテレワークの広がり

　日本政府においては，2004年に国家公務員でのテレワークの推進が打ち出されたが，長らく進んでいるとは言い難い状況にあった。しかし近

年，2016年に第三次安倍内閣の下で始まった「働き方改革」により，テレワークは特に大手の IT 企業において急速な進展を見せている。

　まず，2016年に，約２千名の従業員を抱える日本マイクロソフト株式会社は，全社的なテレワーク勤務制度を開始した。全社員が，日本国内のどこででも働くことでき，利用頻度にも制限がなく，前日までにメールで上長に申請すればすぐに利用できる社内制度である。Skype（ビデオ会議システム）や Outlook（メール連絡や予定の共有），OneDrive（ファイル共有システム）などの仕組みが整っており，基本的にはどこにいても社内と同じ環境での仕事ができることから，それらのシステムを開発している企業が率先して柔軟なテレワーク制度を開始したということであろう。全社で完全なテレワークを行うことで，「出勤」という概念をなくし，「業務遂行」で労働を評価することに転換したとも言える。さらに，2017年には，富士通株式会社が全社員３万５千人を対象にテレワーク勤務制度を開始した。同様に，ICT とインターネットを活用することで場所にとらわれず働くことを実現したものであるが，非常に大規模な日本企業においても，このような制度がとられるようになったことは，日本においてエポックメイキングな出来事であると言ってよいだろう。さらに，こうしたテレワークの一般化は，職務効率化の都合だけではなく，子育てや介護，障害などの事由によって，出勤そのものが日々の困難となっている人々の負担を軽減し，結果として，労働者が効果的に働けるよう支援する手段となっている。

　パソコンが非常に高価だったり，情報の流出などのセキュリティ保障技術に脆弱性があったり，インターネットのインフラが未整備で自宅と離れた職場にいる人間との業務上のコミュニケーションや，個々人の労務状況の管理を行う手段に制限があったりと，かつてはテレワークの実現には多くの課題があった。もちろん，少子高齢化と人口減少による

労働人口の急速な減少は，テレワークなどの新しい働き方を可能にする「働き方改革」を推進する原動力であることは間違いない。しかし，テレワークに存在していた技術的な課題が，ICTのコモディティ化やインターネットインフラの充実，クラウドコンピューティングの実現により，すでにおおよそ解決されつつあることも，こうした急速なテレワーク実現の後ろ盾となっている。テクノロジーによって可能であることと，制度として認められて実現することの間には，現実社会では大きな隔たりがあることも多いが，何らかの社会問題の存在と，その解決方法であるICT活用が出会うことによって，過去に存在しなかった新しい働き方が生み出され，社会で認められるようになっていることは，大きな意義があることと言える。

(3) 出勤とテレワークの格差を埋めるICT

テレワークやビデオ会議など，参加者が物理的に同じ場所に集まらずに仕事や会議を行うことが一般化したことで，出勤している人と，テレワークで参加している人の間にある格差を埋めるICTの活用も生まれている。

例えば，ビデオ会議やテレワークにおいては，大部分が会議室や職場に集まってコミュニケーションを行っていて，一部の参加者が遠隔から参加する場合，コミュニケーションをとるのがその場にいる人だけになってしまい，存在感の薄い遠隔からの参加者が傍観者のようになってしまいがちになる。そこで遠隔から自由に操作することのできるロボットを使うことで，カメラやマイクを好きな方向に向けて必要な情報を得やすくするだけではなく，遠隔地からの参加者の現場での存在感を増加させるためにロボットが使用される。他にも，遠隔地からの参加者が会議に参加している臨場感をもたらすために，巨大なスクリーンを活用した

図14-1 遠隔操作ロボット「Double」によって、肢体不自由があり、常時呼吸器を使用しているスタッフが職場に遠隔参加して働いている様子
(出典:筆者撮影)

システムが使われることもある。こうした取り組みは、テレプレゼンスやテレイグジスタンス、すなわち「遠隔での存在感」を増すための取り組みとして、特にビジネスの世界において重要な問題意識として共有されるようになっているが、その背景には、テレワークの一般化があると言ってよいだろう。

　テレプレゼンスを増すためのICT活用以外にも、労働者がさまざまな場所で働いていても、コミュニケーションや職務上の進捗管理を円滑に進める仕組みが急速に一般化している。一般的な電子メール・システムではなく、企業や部署などの限局的なメンバー内でメッセージをやりとりする機能と、メンバー間でプロジェクトごとのタスク(やるべきこと)を共有する機能、他にも、労働時間を記録して管理する機能など、さまざまな機能を併せ持つシステムが用いられている。日本では「社内

ソーシャルネットワーキングサービス」と呼ばれることもある。ほとんどすべてがインターネットのサービスとして提供されていて，ブラウザ上で機能すると同時に，連携して動作する専用のアプリケーションも作られているものが多い。現在，こうした社内 SNS を提供する商用サービスは，枚挙にいとまがないほど多数存在している。社内 SNS の利用拡大の背景には，社内の既存の働き方を円滑にするために利用されているという側面に加えて，働き方の幅が広がり，働く場所や時間が職場に限定されずに働いている労働者が一般化した側面もあると言ってよいだろう。

（２）クラウドソーシングと ICT

　伝統的には，商品や製品の開発は，1 つの企業が立案から製品化までを一貫して行うことが一般的であった。しかし，オープンソースのソフトウェア開発など，インターネット上の不特定多数の人と関わることで，これまでになかった新しい製品を生み出す事例が生まれた。「クラウドソーシング（crowdsourcing）」は，こうした現象を背景に，2005 年に米 WIRED 誌の編集者であるジェフ・ハウとマーク・ロビンソンが生み出した用語と言われる。「群衆（crowd）」に対して「アウトソーシング（＝外注する，業務委託する，outsourcing）」して，製品やデザイン，サービスなどさまざまなものが生まれていく様子を表現した用語である。

　こうした考え方とインターネットや ICT，スマートフォンの爆発的な普及は，企業の一般的な業務委託の形にも影響を与えている。企業はクラウドソーシングサイトにさまざまな業務（データ入力作業，イラストやデザインの発注，ウェブサイトの記事などのコンテンツ制作，ソフトウェア開発など）を掲載し，そのサイトを見た人が掲載された業務か

ら，自分のスキルとマッチするものを選んで納品し，対価を得るという形式の働き方が生まれている。例えば，ある種のデータ入力作業では，自社の社員が長い時間をかけて作業して達成していたものを，クラウドソーシングにより，多数の人々が少しずつ同時並行で作業することができるので，結果として完成までにかかる時間が大幅に短くなるなどの利点が期待される点である。一方で，働く側に取ってみると，自分のできる範囲で，自由の効く時間帯に，都合の良い場所で作業ができるという利点もある。新しい働き方であるため，そこでの労働者の権利保障など，整えるべきことは多いと言えるものの，前述したように，障害のある人々や，子育て，介護などの必要性から働く場所や時間に制限のある人々にとって，収入を得る新しいチャンネルが得られたことにもなる。

　今や，スマートフォンやタブレットがあれば，ワープロや表計算などの事務業務に必要な機能のあるアプリや，ネット接続とブラウザさえあれば動作するOffice365やGoogle Appsなどのクラウド・アプリケーションによって，かつてはデスクトップ・パソコンでしかできなかった作業ができるようになった。アクセシビリティ機能との組み合わせも期待できる。イラストなどのデザインについても，近年，スマートフォンに指で書いた漫画が大手出版社の奨励賞を受賞したり，頸髄損傷（けいずい）のために四肢麻痺（まひ）のあるアーティストたちが，口にくわえたマウススティックやスイッチ，頭の動きを検出してマウスを動かす支援技術を使ってパソコンを操作し，見事なイラストを描いている事例もある。業務や作業を助けるICTアクセシビリティと，仕事へのアクセスを支援するクラウドソーシングの組み合わせは，重度障害のある人々を働くことへ接続することができる。

4. 雇用のユニバーサルデザインにおける課題

　本章の最後に，日本の雇用におけるユニバーサルデザインの発展のために必要となる，残された課題を挙げてまとめとしたい。

（1）日本型雇用慣行による柔軟性の制約

　一家の大黒柱である父親が企業で働き，給料を稼いで，妻や子どもたち，家族を養う。平日は残業ばかりで，土日も仕事になることも少なくない中，父親は家族のために一生懸命働く。それでも最近は，土日はちゃんと休みになるようにワーク・ライフ・バランスを取ろう，サービス残業ばかりのブラック企業体制は改めよう，という声が高まってきて，社内の雰囲気も変わってきた。女性の活躍も期待されていて，女性の管理職の人も増えてきているし，男社会も変わりつつあるんじゃないか…皆さんは以上のような印象を，日本の労働社会に対して持っておられるだろうか。

　「多様な働き方を認めることが必要だ」という考え方は，近年になって急速に日本社会にも広がりつつある。その背景として影響を与えていることの一つは，国立社会保障・人口問題研究所の推計を例に挙げて述べたように，超高齢化と人口減少にあることは間違いないだろう。日本では，労働人口（15歳から65歳の人々）が急速に減少している。しかしそもそも，その労働人口の中にもまだ参加できていない人々がいる。女性が働きやすい環境はこれまで十分に構築されてこなかったし，子育て世帯や，親や家族の介護が必要な世帯では，長時間労働が基本とされる働き方そのものが壁となって，気軽に働くことができない。そこで多様な働き方を実現することで，潜在的な労働力を実際に活用しよう，となったわけである。若く健康な男性が働くことだけを前提とした雇用の仕

組みは，障害者雇用はもちろん，今後の日本社会では解消すべき社会課題そのものとなっている。

しかしながら，戦後の日本において想定されてきた働き方は，本節の冒頭で挙げたような「大黒柱モデル」に基づくものであることは否定しにくい。社会情勢や働き方の多様化が知られるようになってきたとはいえ，戦後形づくられた雇用慣行は現在も主流を占めている。多くの人々は，毎日職場に通い，週当たり40時間，年間12か月を通じて，1つの企業で雇用契約の年限なく働く。その中で，転勤や配置転換を繰り返しながら，異なる部署に配属されるたびに割り当てられるさまざまな職務をこなし，主として年齢に応じて，主任，係長，課長，部長と段階的に管理職へ出世することが期待されていて，それに伴って給与も上昇することを目指して，労働者は1つの企業で長い年月勤め上げる。労働者がいわゆる「正社員」として雇用継続されることが前提にあり，職務は転属・転勤するごとに毎回違うものを割り当てられることも一般的となっている。

このような日本型の雇用慣行は「メンバーシップ型雇用」と呼ばれている。この日本型雇用慣行は日本以外の国では見られない独特の雇用慣行と言われており，日本以外で一般的な「ジョブ型雇用（採用前の段階から，募集されている職務の内容が具体的に定義され，それに対応する給与や福利厚生などが明示されている雇用慣行）」と対比して語られる。

日本型雇用慣行と障害ニーズの衝突①　職務定義と配置転換

障害のある人々は，メンバーシップ型雇用を含めた日本型の雇用慣行と相性が悪い部分があり，働くことを難しくしている側面がある。社内の労働者に対して，明確な職務定義を行い，その遂行に対応して賃金を支払う（同一労働同一賃金）といった仕組みが行われてきていないこと

などから，職場に出勤することが基本となりがちで，出勤が難しい人は雇用されにくい。例えば，肢体不自由がある人の中には，職場に毎日出勤して働くことが難しい人がいる。そもそも自力では職場に通勤できないケースや，通勤で職場に通うことそのものが大仕事で，職場にたどり着くまでに長い時間と多大な労力を必要とするケースもある。また，居宅介助などの自治体による福祉的支援を必要とする場合，どのような支援が得られるかは自治体の裁量に依存するため，転勤など居住地の変更に容易には対応できないことがある。また，前述したテレワーク制度が日本ではこれまで一般化してこなかったことにも，その背景には職務定義があいまいな日本型の雇用慣行があったと言えるだろう。同一労働同一賃金など，今後の働き方改革が進み，テレワークなどの多様な働き方を許容する社内制度を作る企業の取り組みがますます期待される。

　他にも，終身雇用を継続するために頻繁な配置転換が行われる慣行があるので，さまざまな業務に汎用的に対応できる人材であることが求められる。コンピュータを使ったデスクワークは流暢にこなしても，重いものを動かしたり掃除をしたりといった作業，耳で聞いて口頭で答えることが必要な顧客対応や電話応答など，日本の職場で社員に一般的に求められがちな，ちょっとした作業が難しい場合がある。その結果，企業にとってはそれが配置転換を行う時の人事管理面のリスクと考えられることがある。つまり日本型雇用の慣行の柔軟性の少なさから，障害者の雇用が「特殊な雇用」となってしまっている背景がある。

日本型雇用慣行と障害ニーズの衝突②　労働時間
　肢体不自由や精神疾患，難病など，障害の種別を問わずに起こりがちなのは，「長時間，一年を通じて働く」ことの困難である。障害者雇用促進法に基づき，企業は自社で雇用している常用労働者の2.2%に当たる

人数，障害者を雇用する義務がある（障害者雇用率制度）。また，その際の「障害者」とは，障害者手帳を所持している人でなくはならない。さらに障害者雇用率制度において「障害者を1名雇用している」とカウントされるためには，週当たり30時間以上，雇用する必要がある（20時間以上では0.5人とカウントされ，それ以下は雇用にカウントされない）。そもそも一定以上長く働ける障害者でなければ，採用されにくいという現状がある。

　厚生労働省による平成25年障害者雇用実態調査結果報告書によると，障害者の平均勤続年数は，身体障害者は10年，知的障害者は7年9か月，精神障害者は4年3か月となっている。同省の平成29年賃金構造基本統計調査によれば，一般労働者の平均勤続年数は11年6か月とされる。精神障害者の勤続年数が特に短いのは，心身の調子に大きな変動があるとされる精神疾患の特性と，長時間・長期間，安定して働くことが求められる雇用との間のコンフリクトのため，働きにくい状態にあることを意味している可能性がある。週20時間以下の短時間であれば働ける障害者の雇用を制度的に促進する仕組みは現在のところ見られず，そのケースに該当する障害のある人々は一般企業で働くのではなく，福祉就労などを選択肢とすることが一般的となってきた歴史がある。

　この労働時間の制約に関しては，障害者雇用率制度とは全く無関係に，通常の企業で，障害のある人が週20時間未満の短時間でも働くことができるように促進する取り組みを行っている企業や自治体も生まれている。ソフトバンクグループは2016年に「ショートタイムワーク制度」という社内制度を創設し，精神障害や発達障害のために短い時間しか働くことができない人々を，職務定義を明確にし，社員と業務を分担する形で，社内の通常の部署で，週数時間の非常に短い時間から雇用することができる制度を開始した。自治体としては神奈川県川崎市が2016年から，

兵庫県神戸市が2017年から，同様の考え方に基づく「短時間雇用創出プロジェクト」を各市内の企業を対象として実施している。

　また，例えば身体障害者手帳の交付においては，「障害が固定する」「症状が固定する」という考え方がとられるが，「障害とは安定して変化のない状態」と捉えないよう注意が必要だ。実際に，気候的に暖かい季節は活発に行動できても，冬季になり気温が下がるとこわばりや痛みが重篤になったり，季節的な抑うつ状態が生じて働けないなど，年内でも身心の調子に大きな変動が見られることが珍しくない。ここでも，ジョブ型（職務内容と達成基準，給与がある程度明確に示されている）の雇用を基礎として，年間で働く期間を柔軟に選ぶことができるような仕組みが望まれる。

　職務定義を明確にすることと，同一労働同一賃金の原則が遵守されるように制度が変わること，労働時間の自由度を許容できる制度になることは，障害者の雇用はもちろん，女性だけに限らず子育ての必要な世帯，介護の必要な世帯，高齢者世帯で，働きたいと考えている人を包摂するために，日本の労働社会が乗り越えるべき課題と言える。

（2）合理的配慮とセルフアドボカシー

　もう一つの日本の労働社会における課題は，企業が「障害者差別禁止」と「合理的配慮の提供」に対応できる体制をどのように構築していくか，にある。さらにより重要なことは，それと対をなす形で，障害のある労働者自身が，職場に対して障害に基づく合理的配慮の相談や意思表明を適切に行い，自分自身の働く権利を保障する主張をすること（＝自己権利擁護，セルフアドボカシー）が必要である。しかしながら，このような仕組みは，国連障害者権利条約の批准に伴い，2016年に障害者差別禁止と合理的配慮提供の義務化を定めた改正障害者雇用促進法が施行され

てから始まったことであり，企業側も障害のある労働者側も，この仕組みや考え方に慣れているとは言えない状況にある。

　差別禁止と合理的配慮の考え方は，第10章「教育のユニバーサルデザインと合理的配慮」で詳述されているのでここでは触れないが，初等中等教育や高等教育を通じて，配慮を得ながら能力を発揮する経験と，相手に対してセルフアドボカシーを行う経験を障害のある本人が積むことによって，雇用においても効果的に参加できるように，本人と企業が建設的な対話を行うことができる慣習を，今後時間をかけて作り上げていく必要がある。合理的配慮の観点から，教育段階から雇用への移行支援を行うことは，今後非常に重要なトピックとなっていくだろう。

参考文献・サイト

1．国立社会保障・人口問題研究所（2017）「日本の将来推計人口」（平成29年推計）http://www.ipss.go.jp/pp-zenkoku/j/zenkoku2017/pp_zenkoku2017.asp
2．内閣府（2017）「平成29年版高齢社会白書」http://www8.cao.go.jp/kourei/whitepaper/w-2017/html/zenbun/index.html
3．近藤武夫（2017）『ICT利用の発展. 特別支援教育の到達点と可能性』柘植雅義・インクルーシブ教育の未来研究会（編），金剛出版
4．小宮山宏・三菱総合研究所（2014）『フロネシス第3の産業革命』ダイヤモンド社
5．一般社団法人日本テレワーク協会（2016）「テレワークで働き方が変わる！」『テレワーク白書2016』インプレスR＆D
6．濱口桂一郎（2009）『新しい労働社会―雇用システムの再構築へ』岩波新書
7．濱口桂一郎（2011）『日本の雇用と労働法』日経文庫

15 | ユニバーサルデザインの未来

関根千佳

《目標＆ポイント》 支援技術がどのようにして一般化し，われわれの生活を支えるユニバーサルなものとなったか，流れを概観する。これまでの14回の授業を振り返りつつ，今後，ユニバーサルデザインがどの方向へ進むのか，日本に根付くためにどうすべきか，自分たちには何ができるのかを考える。
《キーワード》 自分事，イノベーション，ブルーオーシャン，支援技術，ユニバーサルデザイン

1. 自分事として考える

　もしあなたが学生で，明日から車いすで生活することになったら，どうやって学業を続けるだろうか？あなたが社会人で，突然目が見えなくなったら，耳が聞こえなくなったら，どうやって仕事をするのだろうか？もしあなたが一人暮らしの高齢者で，全く新しい情報機器が家に入ってきたら，どうやってその使い方を学ぶのだろうか？
　それは，日本という社会や，情報通信技術そのものが，ユニバーサルデザインになっていれば，可能なことである。
　家から学校や職場までの環境がアクセシブルか？交通や建物は車いすで通勤できるか？補助犬を連れて電車に乗れるか？遅延などの情報を受け取れるか？職場や学校で情報はリアルタイムに入手できるか？その機器やコンテンツはアクセシブルか？年齢や環境にかかわらず，使えるようにデザインされているか？新しい機器や支援技術を学ぶ場は近くにあ

るか？

　日本でも障害者差別解消法ができて，障害のある人が就学や就労するための支援は広がりつつある。障害のある学生が入学するための支援もようやく一般的になってきた。しかし，欧米先進国では障害学生の数が約7％と言われるが，日本はその10分の1以下である。アメリカの大学では，障害学生支援センターや保育園のないところは存在しない。

　ハーバード大やスタンフォード大の障害学生支援センターのトップは，自身も障害のある女性教授であったりする。スタンフォード大で障害学生の数を聞いたとき「車いすの学生の数？知らないわ。メガネをかけている学生と同じだから，数えてなんかいない」と言われ，驚いたことがある。

　「だって，学内の建物はみんなアクセシブルだし，学内を走る連絡バスは全部リフト付きで，運転手は車いすの扱いに慣れている。大学近辺の不動産屋もよく分かっていて，『そうだね，君の電動車いすなら，きっと，こことあそこのアパートがいいと思うよ，どれにする？』って勧めてくれるの。私たち，大学側が支援することって，もうないのよ」と言われ，日本との差を痛感した。

　大学内のユニバーサルデザインが進むと，障害学生支援センターは，車いすユーザーなどの移動を支援することが不要になる。同様に，テキストがデジタルファイルになり，紙と同時に入手できるなら，視覚障害学生への情報保障も個別に行う必要はなくなるだろう。講義や映像をリアルタイムで字幕化できれば，聴覚障害学生への情報保障もスムーズに行えるようになる。

　もし，明日，目が見えなくなったり，耳が聞こえなくなったりしたら，どうやって仕事を続けるか？年齢にもよるが，点字を覚えたり，手話を学んだりするには時間がかかるだろう。だが，もしも会社の産業医が，

社内の人事や研修の担当者が，支援技術やユニバーサルな ICT に詳しかったら，環境が変わる可能性がある。音声で画面を読み上げる PC やタブレットの使い方を学ぶことができ，社内では紙でなくデータで情報を共有することが当たり前になれば，目が見えなくなっても仕事を続けられるかもしれない。ICT を使って周囲と情報を共有する方法を会社全体が学び，会議などの音声データをリアルタイムに文字化する UD トークのような機能があれば，耳が聞こえなくても仕事を続けられるかもしれない。

そして，あなたがこれから歳を取って，新しい情報通信機器のユーザーインターフェースに慣れないとしても，もし，それを教えてくれる場所が身近にあれば，またはオンラインでも支援してくれる方法があれば，デジタルデバイドにならずに済むかもしれないのだ。

このことにより，障害というものが，あなた自身に課題があるわけではなく，環境によって起きるのだということが分かるだろう。突然，病気やケガで障害を持つことになったとしても，あなたの能力が変わってしまったわけではない。ユニバーサルでない環境が，あなたを障害者にしてしまうのである。

ユニバーサルデザインとは，そのような環境を初めから作り出さないための戦略であり，社会の在り方の基礎である。

2. 支援技術からユニバーサルデザインへ

第 1 章でも触れたが，私たちがいま便利に使っている技術の多くは，障害者や高齢者のニーズから生まれたものである。盲目の伯爵令嬢と恋に落ちたエンジニアは，彼女が手紙を書ける機械としてタイプライターを作った。グラハム・ベルは，聴覚障害の母と妻のために，遠くへ音を届ける装置として電話を開発した。インターネットの父の一人，ヴィン

トン・サーフは，自身も恋人も耳が聞こえなかったので，テキストをパケットで送ることを思いついた。これがメールの起源である。音声認識は，最初は頸髄損傷など手が使えない人のために開発された。IBMが世界で初めて出した製品の名前は"VoiceType"という。指の代わりに声でタイプするという意味である。TTS（Text to Speech）と言われる画面の読み上げ機能は視覚障害者のために開発された。画面の拡大機能も，もともとは弱視者や高齢者のためのものであった。

　これらの支援技術は，開発された当初は，大変高価なものであった。視覚障害者の使う音声パソコンは，音声合成ボードだけで30万円近くかかり，パソコン本体と合わせると100万円もしたのである。

　支援技術がこの世に生まれてから30年間は，いわば，それをいかに一般のPCなどに普通に組み込むか，一般的な，よりユニバーサルなものにしていくかの，苦闘の歴史だったとも言える。しかし，実際には，電話もメールもタイプライターも，やはり誰にでも便利なので，社会に普及していった。これらのものが存在しない世界を今では想像もできない。同様に，音声読み上げも，音声認識も，画面拡大も，今ではごく普通に，スマートフォンの中に入っている。それも無料で！

　障害者や高齢者の，先鋭的なニーズが，じつは誰にとっても便利なものであったために，社会を変革するイノベーションを起こすことができたのである。「ダイバーシティはイノベーションの源泉」というのは，IBMやマイクロソフトが常々語っていることである。異なるニーズを持つ人々が出会うとき，新たな課題発見があり，革新的なアイデアが生まれ，それが新たなブルーオーシャン（競争のない未開拓市場）の市場開拓につながっていくのである。

3. ユニバーサルデザインを日本で進めるために

　これからの技術革新がどこまで進むか，どのように進むか，誰にも予想はできない。恐らく，家や車はますますインテリジェントに，スマートになり，それ自体がコンピュータとなり，クラウドの一部になっていくだろう。多くの情報を受け取ると同時に，発信する側にもなっていくはずである。車は移動しながら渋滞状況などを交通システムに送る立場になる。インフラの中に組み込まれることで，単体で動くだけではなく，完全な自動運転を可能とするものになっていくだろう。Google が設立した自動運転の会社ウェイモや GM などでは，自動運転の開発チームの中に，視覚障害者を入れている。全盲の人が運転できる車であれば，もしかしたら，塾に行きたい子どもたちも，免許を返納した高齢者も，一人で乗れるものになるかもしれない。車という概念そのものが，変わってくるだろう。

図15 - 1　ウェイモの視覚障害者による自動運転公道実験

（出典：Waymo）

家も劇的に変わる。これまで個々のリモコンで指示していたさまざまな家電は，これからは AI スピーカーでオンオフや設定が可能になっているだろう。音声認識や声での状況確認など，これまでのユニバーサルデザインの成果を踏まえ，さらに使いやすくなっていくことが期待される。これまでは，例えば重度障害の人が，家で暮らすために，エアコンやテレビ，電気やドアホンをコントロールする環境制御装置（ECS：

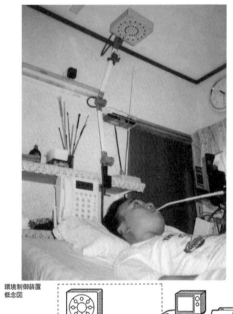

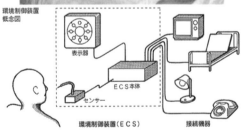

図15-2　環境制御装置（ECS）　　＊写真は2001年当時のもの
　　　　　　　　　　　　　　　（出典：「はがき通信」Web サイト）

図15−3　AI スピーカー
（出典：SmartHacks Magazine Web サイト）

Environment Control System）が必要だったが，これはかつて，かなり高価なものであった。AI スピーカーの出現により，ECS はもっとずっと安価に，安全なものにカスタマイズできる可能性が増えた。環境に優しく，人にも優しい家になるためにさまざまなイノベーションが起きるだろう。IOT（Internet of Things）は，人々のニーズに寄り添って，私たちの生活を支えるものになっていくはずだ。ロボットも，例えば加齢のために難しくなってしまった作業を支えるものであれば，また孤独を和らげるものであれば，家の中に入ってきてもいいのではないだろうか。

　街を歩きながらも，周辺の環境から，必要な情報が選択されて提示される状況になるだろう。例えば空港や駅構内などのデジタルサイネージから，自分のスマホに，自分の使いたい言語で，自分の必要とする情報が，カスタマイズされて流れてくるかもしれない。テキストか，音声か，または手話かもしれず，それもさまざまなタイプが選択できるだろう。

　個々の技術がどのように進むかは予測しにくい部分もあるが，明白なことがある。それは，それらの技術が，世界最高齢国家日本で使われる

ためには，ユニバーサルデザインでなくてはならないということである。高齢になり，視力，聴力，認知力，理解力，記憶力，筋力，指先の巧緻性など，さまざまな「軽度重複障害」を持つことになる高齢者層が使えない製品群は，大きな市場の支持を得られないからである。

　この章の最初の問いかけを思い出してほしい。障害者とは，その環境がUDでないゆえに力を発揮できない人であると言える。同様に，高齢者も，加齢により環境がUDでなくなったゆえに生きにくい人であるとも言える。これからの社会は，年齢や性別，能力や状況にかかわらず，誰もがそれぞれの力を発揮できるものである必要がある。そのために，社会はどのように変わらなければならないだろうか？情報社会のユニバーサルデザインを，真に推進するためには，日本で何が必要だろうか？いくつか挙げてみよう。

① 　初等中等教育から，障害のある子どもたちがICTを使って情報受発信ができる環境を整備する。現状では，どうしても手で書くことや目で読むことにこだわる傾向がある。早い時点でICTでの試験などを可能にすれば，実力を発揮できる児童も増えるはずである。肢体不自由，視覚・聴覚などの情報障害だけでなく，発達障害や学習障害の児童にとってもメリットが大きい。
② 　すべての教師，大学教員に，ICTを用いた授業や試験の手法を研修させる。現状では特別支援学校のそれもごく一部でしかICTや支援技術を用いた授業や試験を行っていない。高等教育でもごく一部でしか研修がない。これでは児童，学生の情報保障や適切な支援は行えない。せっかくICTがユニバーサルになってきても，それを利用する側の理解が薄ければ，猫に小判である。

③　就労の現場においても，産業医，人事担当者，研修担当者などが，ICTとそれにかかわる支援技術を理解し，障害のある新入社員，中途で障害を持った社員に対し，どのようにすれば仕事をスムーズに遂行できるか，ユニバーサルデザインの視点で話し合い，最善の方策を常に修正しながら作りだしていく不断の努力を続ける。医師，人間工学の専門家，支援技術の専門家とともに，職場のBPR（Business Process Re-engineering）の改善を行い，テレワークや時短の導入なども検討し，働き方改革にもつなげる。

④　学内，企業内，行政内などの，あらゆる「コンテンツ」のユニバーサルデザインを推進する。Webサイトの情報はもとより，企業内の会議書類，教育機関のテキストや書類など，すべての情報をデジタル化し，情報障害の人もリアルタイムで情報にアクセスできる環境を整える。あらゆるコンテンツは，ワンリソース・マルチユースを原則とする。すなわち，一個のデジタルデータを，場合によっては紙で，場合によっては音声で受け取れる環境とする。図書館のユニバーサルデザインを推進し，人類の知恵をユニバーサルな形式で受け取れることを前提とする。

⑤　放送番組や映画などは，そのコンテンツを初めからユニバーサルデザインで作成する。初めから多様な人の利用を前提に，さまざまな形式で提示できるよう，コンテンツの作り方を工夫する。音声認識による字幕の自動付与，多言語化，各自の携帯への自動配信など，これも，ワンリソース・マルチユースで作成する。

⑥　空港や駅構内，デパート，イベントなどでの情報提示や相談も，多様な人の利用を前提に設計する。情報を提示する際は，必ずユニバーサルデザインチェックを当事者視点で行い，過不足なく情報が得られるかを確認しながら進める。

⑦　企業のものづくり，自治体のまちづくりにおいて，PDCA（Plan Do Check Act）のプロセスの中で，必ず当事者の評価を入れる。特に，Plan 段階でのニーズ把握と，Check 段階でのユーザー評価を必須とする。後付けでは修正できないこともあるのでできるだけ事前にデザインに反映させるようにする。

⑧　可能な限り，障害当事者のデザイナー，エンジニア，建築士などを育成し，多様な視点で研究開発を行う。国内外とも，よくできたユニバーサルデザインの製品群は，当事者がデザインからかかわったケースが多い。イギリスでは，チャネル4やBBCで，パラリンピック以前から，障害のあるテレビプロデューサーを育成していた。

⑨　自治体や企業では，調達基準をユニバーサルデザインのみとする。ものを購入する際，まちづくりを進める際，それが環境に良いものかどうかと同時に，それが多様な人にとって使いやすいかどうかも入札の条件とし，違反した場合は罰則を設ける。

⑩　ユニバーサルデザインを，常に自分事として考える。どこか遠くにいる見知らぬ誰かのためではなく，明日の自分のために必要なものとして意識の底に常に置いておく習慣をつける。歳を取らない人はいない。明日，目が見えなくなったら，耳が聞こえなくなったら，認知症になったら，歩けなくなったら，どうやって生きていくか，常に自分の問題として考えることで，他者へのまなざしが変わってくることを実感する。

日本中の人々が，このような姿勢をとるようになれば，社会の在り方や，製品開発の在り方，情報提示の仕方も，根本から変わっていくだろう。日本に生まれ，日本で育ち，日本で歳を取っていく私たちが，これからやらなくてはならないこと。それは，後に続く世代のために，日本

をあと一歩でも，ユニバーサルにすることなのである。

参考文献・サイト

1．関根千佳（2010）『ユニバーサルデザインのちから〜社会人のための UD 入門〜』生産性出版
2．ウェイモの視覚障害者による自動運転　公道実験
　https://www.sankeibiz.jp/macro/photos/170818/mcb1708180500013-p1.htm
3．AI スピーカー．SmartHacks Magazine．https://smarthacks.jp/mag/22891
4．環境制御装置（ECS）．http://www.normanet.ne.jp/~hagaki-t/pcc94b.htm
5．関根千佳（2005）『スローなユビキタスライフ』地湧社
6．関根千佳（2002）『「誰でも社会」へ—デジタル時代のユニバーサルデザイン』岩波書店

索引

●配列は50音順　＊は人名を示す。

●あ 行

アクセシブルな情報システム　166
アサバスカ大学　207, 216, 217, 218, 219, 220
アドベンチャーワールド　58
eラーニング　22, 207, 222
石川准＊　38
伊勢神宮　59
イノベーション　267, 270, 273
インクルーシブデザイン　24, 32, 33
インクルージョン研究所　204
印刷物障害　104, 176, 179
インターネット大学　208
ヴィントン・（グレイ・）サーフ＊　11, 269
Webアクセシビリティ　152, 163
嬉野温泉　45, 61
永観堂　59
エムアイチェッカー　164
遠隔高等教育　22, 207, 208, 209, 210, 213, 216, 221, 228
オープン・キャプション　231, 232
オープン・コース・ウエア　208
オープンユニバーシティ　208
オッシャー・ライフロング・インスティテュート　204
音声合成技術　11, 12
音声入力　139, 148, 189, 233
音声認識　11, 12, 63, 138, 139, 140, 144, 199, 233, 270, 272, 275
音声認識技術　11, 69, 138
音声読み上げ　100, 137, 139, 148, 150, 170, 177, 180, 182, 215, 226, 245, 252, 270
オンライン学習　22, 207, 208, 213, 225

●か 行

改正障害者雇用促進法　249, 265
解説放送　234, 235
学習障害　137, 152, 166, 170, 176, 180, 185, 188, 213, 252, 274
学習マネジメントシステム　213
拡大鏡　135, 136
画面拡大ソフト　156
画面反転機能　156
環境制御装置　272
官庁施設のユニバーサルデザインに関する基準　43
キーボードナビゲーション　146
ぎふメディアコスモス　65, 66
教材のアクセシビリティ　225, 227
教室・授業での配慮　179
共生　78
業務のアクセシビリティ　250
清水寺　59
筋萎縮性側索硬化症　12
クラウドソーシング　199, 254, 259, 260
グラハム・ベル＊　11, 269
クローズド・キャプション　232
クロックポジション　60
頸髄損傷　11, 12, 140, 146, 260, 270
堅牢性　21, 159
公共調達　49
工業標準化法　78, 79
高次脳機能障害　106, 134, 137
公正住宅法　27
公民権運動　19, 25, 27, 32
合理的配慮　21, 74, 78, 79, 85, 110, 168, 171, 172, 173, 174, 175, 177, 178, 179, 181,

182, 183, 184, 185, 186, 196, 207, 230, 243, 247, 249, 265, 266
高齢化社会　116, 117, 119
高齢者・障害者等配慮設計指針─情報機器における機器，ソフトウェア及びサービス　74
高齢社会　14, 20, 43, 44, 45, 46, 116, 117, 119, 120
高齢者の定義　114, 115
国際障害者権利条約　73
国際障害者年　31
国際障害分類　96
国際生活機能分類　96, 97
コンテンツ・アクセシビリティ　21, 211

● さ　行

災害対応　229
サイバー大学　208
「三層＋1」モデル　121, 122
ジェロントロジー　114
支援技術　10, 12, 19, 135, 140, 148, 149, 152, 155, 159, 176, 177, 180, 182, 217, 251, 252, 253, 260, 267, 269, 270, 274, 275
視覚障害　11, 36, 46, 60, 63, 66, 69, 93, 99, 100, 104, 111, 136, 152, 166, 170, 176, 179, 182, 193, 199, 207, 210, 211, 226, 227, 229, 234, 237, 239, 240, 244, 245, 252, 268, 270, 271
試験の配慮　175
自己権利擁護（セルフアドボカシー）　265
視線入力　12
実験・実習での配慮　181
シナリオライティング法　51
自分事　267, 276
自閉症スペクトラム障害　107
字幕放送　230, 231, 236, 237

社会的烙印　108
社会保障　89, 115, 118, 247, 249, 250
社会モデル　94, 95, 96, 97, 98, 112, 172, 248
手話言語条例　244
手話放送　229, 235
障害学生在籍学校数　195
障害学生数　193, 194
障害者基本法　76, 77, 173, 243
障害者教育法　191
障害者権利条約　96, 110, 171, 172, 183, 248, 265
障害者雇用促進法　263
障害者雇用率制度　264
障害者差別解消法　21, 44, 73, 74, 75, 78, 89, 110, 151, 169, 170, 171, 182, 184, 187, 189, 196, 243, 268
障害者支援　19, 21, 179, 187, 188, 190, 191, 192, 193, 196, 199, 214, 217, 218, 227
障害者総合支援法　243, 244, 253
障害者に関する世界行動計画　31
障害者の権利宣言　31
障害者の権利に関する条約　75, 171, 243, 244
障害の個人モデル　94
障害の社会モデル　94, 96, 248
障害を持つアメリカ人法　27, 42, 81, 88, 110, 173, 188, 190, 242
情報アクセシビリティ　75, 76, 90, 211, 212
情報アクセス　97, 98, 101, 104, 109, 111, 134
情報コミュニケーション技術　133
情報社会　10, 13, 18, 91, 108, 274
情報通信機器　14, 15, 75, 77, 269
情報通信端末　14
情報通信白書　14

情報提示　20, 43, 46, 57, 63, 67, 68, 69, 70, 101, 106, 107, 275, 276
情報保障　11, 20, 63, 199, 200, 222, 223, 225, 244, 245, 268, 274
ジョブ型雇用　262
シンクカレッジ　204, 205
人口ピラミッド　117, 118
身体的加齢　20
スイッチコントロール　144, 145
スクリーンキーボード　143, 144, 145, 162
スクリーンリーダー　148, 152, 155, 156, 157, 159, 160, 165, 253
スティグマ　107, 108
スローキー　142
精神障害　107, 166, 217, 227, 244, 264
セルフアドボカシー（自己権利擁護）　265, 266
操作可能　21, 158
ソーシャルネットワーキングサービス　17, 109, 258

●た　行
大規模公開オンライン授業　208
ダイバーシティ　13, 14, 92, 270
タッチパッド　143
多様性　13, 20, 39, 50, 92, 110, 111, 114, 188, 189, 205, 208
知覚可能　21, 157
知識表象・メンタルモデル　125
知的障害　29, 30, 33, 102, 103, 129, 166, 204, 205, 244, 264
注意欠如/多動性障害　104, 176, 213
中央広播電視大学　208
聴覚障害　11, 12, 28, 39, 60, 63, 69, 71, 79, 81, 101, 107, 129, 139, 180, 182, 185, 186, 199, 201, 207, 211, 212, 225, 229, 231, 235, 237, 238, 239, 240, 242, 244, 245, 268, 269
通信サービスのアクセシビリティ　241
通信のアクセシビリティ　230, 239
通信利用動向調査　15, 16, 17, 120
TVデコーダーチップ法　82
ディスレクシア　100, 104, 137
デコーダー法　28
デザインフォーオール　24, 31, 32
デジタルサイネージ　37, 50, 68, 273
てまるプロジェクト　52, 53
テレワーク　247, 254, 255, 256, 257, 258, 263, 275
（電気）通信法255条　28, 82
点字インターフェース　148
点字ディスプレイ　149, 252, 253
電話リレーサービス　79, 81, 230, 242
読字障害　100, 137, 252

●な　行
21世紀における通信と映像アクセシビリティに関する2010年法　83
日本学生支援機構　169, 194, 195, 197, 222
日本型雇用慣行　247, 261, 262, 263
日本聴覚障害学生高等教育支援ネットワーク　198
ニルス・エリク・バンク-ミケルセン*　29
認知機能　106, 124
認知的加齢　20
ノートテイカー　180, 207
ノーマライゼーション　24, 28, 29, 30, 31, 32, 33

●は　行
ハートビル法　42
発達障害　48, 68, 104, 194, 205, 217, 225,

227, 264, 274
ハラルフード　59
バリアフリー　10, 12, 24, 25, 26, 59, 69, 77, 111, 177, 178, 185
バリアフリー・コンフリクト　111
バリアフリー新法　42, 43
フィルターキー　142
ふくやま病院　64
不当な差別的取扱い　78, 168, 171, 182, 249
ふらっとバス　46, 47
ブルーオーシャン　267, 270
フルキーボードアクセス　146
プロダクトデザイン　41, 49
ペルソナ法　51
ベンクト・ニィリエ*　30
放送のアクセシビリティ　230, 236
ホーキング博士　12

● ま　行
マイノリティ　14, 20, 92
マウスキー　146
まちづくり　10, 19, 22, 41, 276
マラケシュ条約　166
メタ認知　125
メンバーシップ型雇用　262
ものづくり　10, 19, 22, 41, 49, 276

● や　行
ユーザビリティ　10, 19, 24, 35, 36, 37, 38, 43, 50
UDトーク　269
ユニバーサルデザイン2020行動計画　43
予測可能　159

● ら・わ　行
リアルタイム文字入力　233, 234

理解可能　21, 158
リスピーク　233
リニアライズ　161
リハビリテーション法504条（リハ法504条）　173, 174, 184
リハビリテーション法508条（リハ法508条）　20, 28, 49, 73, 74, 76, 78, 82, 83, 84, 85, 88, 90, 150, 154, 189, 213
レックス・フリーデン*　89
ロジャー・コールマン*　32
ロナルド（ロン）・メイス*　25, 26, 97
ワールド・ワイド・ウェブ・コンソーシアム　153
ワンリソース・マルチユース　275

● アルファベット
ADA　27, 28, 31, 42, 81, 86, 88, 89, 110, 173, 174, 178, 180, 183, 184, 188, 190, 191, 192, 193, 213
ADHD　104, 106, 176
AHEAD　192, 197
ASD　217, 218
Bobby　189
Buy Accessible　86, 87, 88
CAST　109, 188, 189, 200
crowdsourcing　254, 259
CSS　129, 159, 164
DAISY　165, 166
DO-IT　214, 215
DO-IT JAPAN　18
EU Mandate 376　74
H.702　237
ICF　96, 97
ICI　96, 204, 205
ICIDH　96
ICT　21, 22, 33, 36, 37, 43, 49, 108, 132,

133, 135, 138, 139, 148, 149, 150, 151, 168, 187, 188, 209, 210, 215, 224, 228, 245, 247, 250, 251, 253, 254, 255, 256, 257, 258, 259, 260, 269, 274, 275
IOT　272
IPTV　237
JIS X 8341シリーズ　79, 80
LGBT　20, 92, 107, 108, 109
LMS　213, 214
miChecker　164
MOOC　209, 213
NIMAC　200, 201
NIMAS　200
No One Left Behind　33
OCW　208
PDCA　50, 276

PEPNet-Japan　197, 198
Plan Do Check Act　50, 276
SDGs　34
SoundUD　69, 70
Sustainable Development Goals　34
TDD　81
telework　254
Think College　204, 205
TTS　11, 270
UD　41, 42, 45, 46, 47, 48, 49, 50, 51, 52, 54, 55, 56, 57, 59, 61, 62, 63, 64, 65, 67, 71, 199, 274
UDL　188
VPAT　85, 86, 87, 88
W3C　153, 163, 164, 166
WCAG2.0　153, 154, 156, 159

図表 クレジット一覧

＊海外許諾分のみ掲載

(p. 31)　　図 2 - 1 ：Copyright（c）2007 by Design for All Foundation through Japan UNI Agency., Inc. Tokyo

(p. 34)　　図 2 - 2 ：
Copyright（c）UNITED NATIONS
All rights reserved
Arranged through Japan UNI Agency., Inc. Tokyo

(p. 271)　図15 - 1 ：Reprinted with permission from Waymo through Japan UNI Agency., Inc. Tokyo

分担執筆者紹介

(執筆の章順)

榊原　直樹（さかきばら・なおき）　・執筆章→5・7・9・13

1974年　埼玉県生まれ
1999年　東京電機大学工学部精密機械工学科卒業
2012年　放送大学大学院文化科学研究科社会経営科学プログラム修了
　　　　株式会社ユーディットを経て現職
現在　　清泉女学院大学専任講師
　　　　デジタルハリウッド大学客員教授
研究テーマ　情報のユニバーサルデザイン
主な著書　『特別支援教育実践テキスト』（共著，ナレッジオンデマンド，2012年）
　　　　『リハ医とコメディカルのための最新リハビリテーション医学』（共著，鍬谷書店，2010年）
　　　　『シニアよ，ITをもって地域にもどろう』（共著，NTT出版，2010年）
　　　　『スマートエイジング入門―地域の役に立ちながらボケずに年を重ねよう』（共著，NTT出版，2009年）

近藤　武夫（こんどう・たけお） ・執筆章→6・8・10・14

1976年	長崎県生まれ
1998年	広島大学教育学部卒業
2004年	広島大学大学院教育学研究科博士課程後期修了，博士（心理学）
2005年	広島大学教育学研究科助教
2010年	米国ワシントン大学計算機科学工学部客員研究員
現在	東京大学先端科学技術研究センター人間支援工学分野准教授，DO-IT Japan ディレクター
研究テーマ	多様な障害のある人々を対象に，教育や雇用場面での支援に役立つテクノロジー活用や合理的配慮のあり方に関する研究を行う。専門は特別支援教育（支援技術）。
主な著書	『学校でのICT利用による読み書き支援』（編集，金子書房，2016年） 『発達障害の子を育てる本　ケータイ・パソコン活用編』（監修，講談社，2012年） 『バリアフリー・コンフリクト』（共著，東京大学出版会，2012年），など。

編著者紹介

広瀬　洋子（ひろせ・ようこ）
・執筆章→ 1・11・12

1954年	神奈川県生まれ
1977年	慶応義塾大学文学部卒業
1985年	オックスフォード大学大学院社会人類学部，社会人類学修士号取得

三菱化成生命科学研究所社会生命科学研究室特別研究員，放送教育開発センター，メディア教育開発センター研究開発部教授，総合研究大学院大学文化科学研究科教授（併任）を経て，

現在　　　　放送大学教養学部教授
研究テーマ　高等教育における多様な学生への支援・障害者支援
主な著書　　『よくわかる！　大学における障害学生支援』（共著，ジアース教育新社，2018年）
　　　　　　『教育のためのICT活用』（共著，放送大学教育振興会，2017年）
　　　　　　『情報社会のユニバーサルデザイン』（共著，放送大学教育振興会，2014年）
　　　　　　『共生の時代を生きる』（共著，放送大学教育振興会，2000年）

関根　千佳（せきね・ちか）

・執筆章→2・3・4・15

1981年	九州大学法学部法律学科卒業後，日本IBMにSEとして入社。トップに直訴して93年に高齢者・障害者のIT利用を支援するSNSセンターを設立。
1998年	(株)ユーディット（情報のユニバーサルデザイン研究所）を設立，代表取締役に就任。各省庁や自治体の審議会委員や，企業，団体，学会等の理事・評議員を歴任。
2012年	同志社大学　政策学部／大学院　総合政策科学研究科ソーシャルイノベーションコース教授
現在	同志社大・放送大・美作大客員教授，東京女子大・関西学院大非常勤講師，株式会社ユーディット会長兼シニアフェロー（URL：http://www.udit.jp/）
研究テーマ	ユニバーサルデザイン，ジェロントロジー（高齢学）
主な著書	『ユニバーサルデザインのちから』（生産性出版，2010年） 『スローなユビキタスライフ』（地湧社，2005年） 『「誰でも社会」へ』（岩波書店，2002年） 『スマートエイジング入門』（共著，NTT出版，2010年） 『シニアよ，ITをもって地域にもどろう』（共著，NTT出版，2009年），など多数。

放送大学教材　1570340-1-1911（テレビ）

改訂版　情報社会のユニバーサルデザイン

発　行　　2019年3月20日　第1刷
　　　　　2022年1月20日　第2刷
編著者　　広瀬洋子・関根千佳
発行所　　一般財団法人　放送大学教育振興会
　　　　　〒105-0001　東京都港区虎ノ門1-14-1　郵政福祉琴平ビル
　　　　　電話　03（3502）2750

市販用は放送大学教材と同じ内容です。定価はカバーに表示してあります。
落丁本・乱丁本はお取り替えいたします。

Printed in Japan　ISBN978-4-595-31959-4　C1355